Arbeitsheft

Mathematik

4

Für die Klasse 8

Herausgegeben von
J. Peter Böhmer

Bearbeitet von
J. Peter Böhmer
Ekkehard Jander
Wilfried Schlake
Otto Steinhoff
Paul Zahn

Rationale Zahlen, Terme
Gleichungen und Ungleichungen
Geometrie
Flächen- und Rauminhalte
Daten und Zufall

Ernst Klett Verlag
Stuttgart • Leipzig

Bildquellennachweis

51 EZB, Frankfurt; **85** MEV Verlag GmbH, Augsburg

Sollte es in einem Einzelfall nicht gelungen sein, den korrekten Rechteinhaber ausfindig zu machen, so werden berechtigte Ansprüche selbstverständlich im Rahmen der üblichen Regelungen abgegolten.

1. Auflage 1 [13] | 20

Alle Drucke dieser Auflage sind unverändert und können im Unterricht nebeneinander verwendet werden.
Die letzte Zahl bezeichnet das Jahr des Druckes.

Herausgeber: J. Peter Böhmer, Emden
Autoren: J. Peter Böhmer, Emden; Ekkehard Jander, Friedeburg; Wilfried Schlake, Oldenburg; Otto Steinhoff, Köln; Paul Zahn, Emden

Redaktion: Ingeborg Hoke, Constance Blocher
Herstellung: Nicole Weldert

Gestaltung: Katja Buß
Umschlaggestaltung: Katja Buß
Illustrationen: Rudolf Hungreder, Leinfelden-Echterdingen; media office gmbh, Kornwestheim
Satz: media office gmbh, Kornwestheim
Druck: Medienhaus Plump, Rheinbreitbach

Printed in Germany
ISBN 978-3-12-746804-5

9 783127 468045

Alle wichtigen Elemente im Überblick

Dieses **Arbeitsheft** kann lehrbuchunabhängig im Unterricht eingesetzt werden:
- zusätzlich zu jedem Lehrwerk
- als alleiniges Begleitwerk für den Mathematikunterricht

Kasten
mit Definitionen, Informationen, Beispielen und Musterlösungen

Aufgaben zum direkten Eintragen
- Ergebnisse können in vorbereitete Tabellen, Diagramme, … eingetragen werden
- Schrittfolgen können nachvollzogen werden
- Aufgaben auf zwei Niveaus zur Differenzierung
  - 1 normales Niveau
  - 2 ☆ erhöhtes Niveau, Zusatzinhalte
- alle Lösungen finden sich im beiliegenden Lösungsheft

Kompetenz-Tests
- wichtige Kapitel werden mit einem Kompetenz-Test abgeschlossen
- diese Seiten dienen der Lernkontrolle
- die Aufgaben werden in drei Schwierigkeitsstufen angeboten (leicht – mittel – schwer)
- die Auswertung der Lernkontrolle kann durch die Symbole vorgenommen werden:
  ☹ keine Aufgabe gelöst
  😐 eine oder zwei Aufgaben gelöst
  ☺ drei Aufgaben gelöst

Auf der hinteren Umschlagseite können die Schülerinnen und Schüler die bearbeiteten Lerneinheiten und Kompetenz-Tests markieren ☒, was dem schnellen Überblick dient.

Formelsammlung
Auf den letzten beiden Seiten (S. 87/88) sind die wichtigsten Inhalte zusammengefasst und können dort nachgeschlagen werden.

Hinweise, Tipps zur Bearbeitung, Erinnerung an bekannte mathematische Inhalte

Achtung! Wichtige Regeln und Hinweise

☑ Lösungskontrolle durch Abstreichen möglich

i Informationen

3.1 Weitere Aufgaben
- sie enthalten gleiche Aufgabenstellungen wie oben
- sie sind den Aufgaben von oben durch eine gemeinsame Kennzeichnung zugeordnet. Beispiel: zur Aufgabe 3 gehören die Übungsaufgaben 3.1 und 3.2
- die Lösungen aller Aufgaben sind im beiliegenden Lösungsheft abgedruckt

4 Neue Aufgaben
- zum Problemlösen, Argumentieren, Kommunizieren und Darstellen
- sie eignen sich zur Differenzierung
- auch die Lösungen dieser Aufgaben finden sich im beiliegenden Lösungsheft

Brüche erweitern, kürzen und vergleichen

Brüche erweitern	**Brüche kürzen**	**Brüche vergleichen**
Erweitere $\frac{3}{4}$ mit 5.	Kürze $\frac{18}{30}$ mit 6.	Vergleiche $\frac{5}{7}$ und $\frac{7}{9}$.
$\frac{3 \cdot 5}{4 \cdot 5} = \frac{15}{20}$	$\frac{18 : 6}{30 : 6} = \frac{3}{5}$	$\frac{45}{63} < \frac{49}{63}$ also $\frac{5}{7} < \frac{7}{9}$
Zähler und Nenner mit derselben Zahl multiplizieren	Zähler und Nenner durch dieselbe Zahl dividieren	Auf den Hauptnenner erweitern, dann vergleichen

1 Erweitere mit 7.

a) $\frac{8}{9}$ = ______ b) $\frac{12}{13}$ = ______

2 Kürze mit 8.

a) $\frac{48}{72}$ = ______ b) $\frac{64}{96}$ = ______

3 Notiere die fehlende Zahl.

a) $\frac{3}{5} = \frac{}{10}$ b) $\frac{5}{4} = \frac{}{100}$ c) $\frac{13}{7} = \frac{}{42}$ d) $\frac{9}{8} = \frac{}{160}$

4 Kürze so weit wie möglich.

a) $\frac{48}{72}$ = ______ b) $\frac{42}{56}$ = ______ c) $\frac{64}{96}$ = ______ d) $\frac{54}{84}$ = ______

5 Vergleiche. Setze passend <; =; > ein.

a) $\frac{3}{5} \square \frac{4}{7}$ b) $\frac{5}{8} \square \frac{7}{9}$ c) $\frac{19}{20} \square \frac{95}{100}$ d) $\frac{17}{15} \square \frac{13}{12}$

6 Rechne um in eine gemischte Zahl.

a) $\frac{12}{7}$ = ______ b) $\frac{29}{6}$ = ______ c) $\frac{47}{12}$ = ______ d) $\frac{65}{17}$ = ______

7 Wandle um in einen Bruch.

a) $3\frac{4}{7}$ = ______ b) $9\frac{8}{9}$ = ______ c) $12\frac{7}{13}$ = ______ d) $25\frac{3}{4}$ = ______

8 Vergleiche und ordne nach der Größe. Beginne mit dem kleinsten Bruch.

a) $\frac{9}{13}$; $\frac{5}{7}$; $\frac{11}{13}$; $\frac{20}{13}$; $\frac{8}{7}$; $\frac{3}{7}$

______

___ < ___ < ___ < ___ < ___ < ___

b) $\frac{3}{4}$; $\frac{13}{5}$; $2\frac{2}{3}$; $2\frac{5}{12}$; $\frac{33}{15}$; $1\frac{1}{2}$

______

___ < ___ < ___ < ___ < ___ < ___

zu 4
Kürze schrittweise.
$\frac{120}{210} = \frac{12}{21} = \frac{4}{7}$

zu 5
Brüche vergleichen
(1) Hauptnenner bestimmen
(2) Brüche gleichnamig notieren
(3) Vergleichen
Beispiel: $\frac{1}{8}$; $\frac{1}{6}$
(1) kgV (8; 6) = 24
(2) $\frac{3}{24} < \frac{4}{24}$
(3) $\frac{1}{8} < \frac{1}{6}$

zu 6 und 7
Gemischte Zahl ⟷ Bruch
$2\frac{3}{5} = \frac{13}{5}$

☑ zu 1, 2, 4, 6 und 7
$\frac{9}{14}$; $\frac{2}{3}$; $\frac{2}{3}$; $\frac{6}{9}$; $\frac{3}{4}$; $\frac{8}{12}$; $\frac{56}{63}$; $\frac{84}{91}$; $1\frac{5}{7}$; $\frac{25}{7}$; $3\frac{14}{17}$; $3\frac{11}{12}$; $4\frac{5}{6}$; $\frac{89}{9}$; $\frac{163}{13}$; $\frac{103}{4}$

1.1 Erweitere $\frac{5}{6}$; $\frac{5}{7}$; $\frac{3}{5}$; $\frac{7}{9}$; $\frac{8}{13}$; $\frac{7}{17}$; $\frac{25}{30}$

a) mit 8. b) mit 9. c) mit 14.

2.1 Kürze $\frac{48}{60}$; $\frac{36}{48}$; $\frac{72}{36}$; $\frac{24}{96}$; $\frac{84}{120}$; $\frac{300}{360}$; $\frac{108}{480}$

a) mit 4. b) mit 3. c) mit 6.

3.1 Notiere die fehlende Zahl.

a) $\frac{3}{8} = \frac{\square}{1000}$ b) $\frac{11}{25} = \frac{\square}{100}$ c) $\frac{7}{6} = \frac{126}{\square}$ d) $\frac{29}{36} = \frac{116}{\square}$

4.1 Kürze so weit wie möglich.

a) $\frac{25}{100}$ b) $\frac{42}{70}$ c) $\frac{36}{80}$ d) $\frac{120}{300}$ e) $\frac{52}{78}$
f) $\frac{56}{72}$ g) $\frac{48}{112}$ h) $\frac{66}{99}$ i) $\frac{200}{1000}$ j) $\frac{150}{2500}$

5.1 Vergleiche. Setze passend <; =; > ein.

a) $\frac{4}{7} \square \frac{3}{5}$ b) $\frac{3}{4} \square \frac{7}{9}$ c) $\frac{8}{9} \square \frac{10}{12}$ d) $\frac{4}{5} \square \frac{10}{13}$ e) $\frac{6}{7} \square \frac{11}{14}$

6.1 Rechne um in eine gemischte Zahl.

a) $\frac{21}{8}$ b) $\frac{42}{9}$ c) $\frac{26}{7}$ d) $\frac{34}{8}$ e) $\frac{43}{4}$
f) $\frac{35}{11}$ g) $\frac{49}{13}$ h) $\frac{59}{12}$ i) $\frac{59}{16}$ j) $\frac{65}{14}$

7.1 Wandle um in einen Bruch.

a) $1\frac{1}{7}$ b) $6\frac{4}{9}$ c) $7\frac{3}{8}$ d) $8\frac{4}{5}$ e) $3\frac{4}{13}$

8.1 Ordne nach der Größe. Beginne mit dem kleinsten Bruch.

a) $\frac{5}{9}$; $\frac{5}{3}$; $\frac{7}{9}$; $\frac{15}{18}$; $\frac{4}{9}$; $\frac{2}{3}$ b) $\frac{18}{5}$; $4\frac{3}{4}$; $\frac{1}{2}$; $\frac{7}{10}$; $3\frac{4}{5}$; $\frac{21}{4}$
c) $\frac{13}{15}$; $\frac{3}{5}$; $\frac{7}{10}$; $\frac{27}{30}$; $\frac{4}{5}$; $\frac{14}{15}$ d) $1\frac{3}{4}$; $3\frac{1}{4}$; $4\frac{1}{3}$; $1\frac{1}{4}$; $3\frac{3}{4}$; $4\frac{2}{3}$

9 Erkläre die Aussage: Es können alle Brüche erweitert werden, aber es können nicht alle Brüche gekürzt werden. Notiere dazu jeweils fünf Beispiele.

Mit Brüchen rechnen

1 a) $\frac{3}{4} + \frac{4}{15}$ b) $\frac{14}{15} - \frac{3}{4}$

(1)

(2)

(3)

Brüche addieren und subtrahieren

(1) Brüche gleichnamig machen

(2) Zähler addieren/subtrahieren, Nenner beibehalten

(3) Wenn möglich
- kürzen
- in eine gemischte Zahl umwandeln

$\frac{5}{6} + \frac{3}{4} = \frac{10}{12} + \frac{9}{12} = \frac{19}{12} = 1\frac{7}{12}$

$\frac{14}{9} - \frac{1}{6} = \frac{28}{18} - \frac{3}{18} = \frac{25}{18} = 1\frac{7}{18}$

2 a) $\frac{42}{63} \cdot \frac{48}{35}$ b) $\frac{92}{72} \cdot \frac{54}{36}$

3 a) $\frac{8}{3} : \frac{12}{48}$ b) $\frac{26}{60} : \frac{78}{84}$

4 a) $4\frac{1}{2} \cdot 2\frac{4}{7}$ b) $5\frac{4}{7} \cdot 2\frac{2}{13}$

5 a) $6\frac{2}{5} : 1\frac{13}{35}$ b) $6\frac{7}{8} : 2\frac{3}{4}$

6 a) $1\frac{2}{3} + 4\frac{2}{5}$ b) $5\frac{1}{8} + 4\frac{2}{3}$

7 a) $7\frac{8}{9} - 3\frac{5}{6}$ b) $6\frac{2}{3} - 2\frac{4}{5}$

Brüche multiplizieren

(1) Zähler mal Zähler, Nenner mal Nenner

(2) Wenn möglich, kürzen

(3) Berechnen

(4) Wenn möglich, in eine gemischte Zahl umwandeln

$\frac{3}{2} \cdot \frac{5}{6} = \frac{{}^{1}\cancel{3}}{2} \cdot \frac{5}{\cancel{6}_{2}} = \frac{5}{4} = 1\frac{1}{4}$

Brüche dividieren

(1) 1. Bruch notieren, dann mit dem **Kehrbruch** des 2. Bruches multiplizieren

(2) Wenn möglich, kürzen

(3) Berechnen

(4) Wenn möglich, in eine gemischte Zahl umwandeln

$\frac{3}{4} : \frac{7}{8} = \frac{3}{{}_{1}\cancel{4}} \cdot \frac{\cancel{8}^{2}}{7} = \frac{6}{7}$

zu 4 bis 7
Wandle die gemischte Zahl zuerst in einen Bruch um.

zu 1 bis 7
$\frac{11}{60}$; $\frac{7}{15}$; $\frac{32}{35}$; $1\frac{1}{60}$; $1\frac{11}{12}$; $2\frac{1}{2}$; $3\frac{13}{15}$; $4\frac{1}{18}$; $4\frac{2}{3}$; $6\frac{1}{15}$; $9\frac{19}{24}$; $10\frac{2}{3}$; $11\frac{4}{7}$; 12

1.1 a) $\frac{4}{9} + \frac{2}{5}$ b) $\frac{3}{4} + \frac{11}{25}$ c) $\frac{9}{14} + \frac{5}{6}$ d) $\frac{7}{9} + \frac{3}{2}$

1.2 a) $\frac{7}{8} - \frac{5}{6}$ b) $\frac{3}{4} - \frac{5}{9}$ c) $\frac{9}{11} - \frac{5}{7}$ d) $\frac{21}{24} - \frac{13}{15}$

2.1 a) $\frac{18}{24} \cdot \frac{7}{36}$ b) $\frac{25}{40} \cdot \frac{45}{15}$ c) $\frac{48}{24} \cdot \frac{72}{96}$ d) $\frac{46}{35} \cdot \frac{7}{138}$

3.1 a) $\frac{12}{13} : \frac{36}{39}$ b) $\frac{11}{14} : \frac{77}{42}$ c) $\frac{30}{64} : \frac{90}{72}$ d) $\frac{46}{35} : \frac{69}{70}$

3.2 a) $\frac{3}{8} + \frac{4}{7}$ b) $\frac{6}{11} \cdot \frac{5}{8}$ c) $\frac{2}{5} - \frac{1}{12}$ d) $\frac{5}{26} : \frac{3}{13}$

4.1 a) $2\frac{1}{3} \cdot 2\frac{3}{5}$ b) $3\frac{7}{9} \cdot 1\frac{1}{4}$ c) $5\frac{3}{7} \cdot 2\frac{5}{8}$ d) $5\frac{1}{3} \cdot 2\frac{3}{12}$

5.1 a) $2\frac{3}{7} : 1\frac{3}{14}$ b) $2\frac{2}{3} : 2\frac{6}{9}$ c) $3\frac{3}{8} : 2\frac{3}{4}$ d) $4\frac{4}{6} : 2\frac{5}{8}$

6.1 a) $5\frac{7}{10} + 8\frac{2}{3}$ b) $2\frac{1}{5} + 2\frac{3}{7}$ c) $6\frac{5}{8} + 9\frac{2}{5}$ d) $3\frac{3}{4} + 6\frac{8}{9}$

7.1 a) $3\frac{5}{8} - 1\frac{1}{4}$ b) $3\frac{5}{9} - 2\frac{1}{5}$ c) $6\frac{9}{10} - 4\frac{4}{5}$ d) $8\frac{2}{6} - 3\frac{3}{5}$

8 a) $2\frac{1}{2} + 3\frac{2}{5}$ b) $6\frac{1}{4} : 1\frac{1}{2}$ c) $4\frac{2}{5} - 3\frac{3}{8}$ d) $3\frac{3}{5} \cdot 6\frac{2}{3}$

e) $\frac{4}{7} \cdot 3\frac{1}{2}$ f) $2\frac{2}{5} + \frac{9}{10}$ g) $1\frac{3}{4} - \frac{7}{8}$ h) $3\frac{1}{2} : \frac{2}{3}$

9 Bilde die Summe, die Differenz, das Produkt und den Quotienten aus zwei Brüchen deiner Wahl. Das Ergebnis soll größer als 1 sein. Begründe.

$\frac{1}{2}$ $\frac{4}{3}$ $\frac{8}{5}$

$\frac{1}{5}$ $\frac{2}{7}$ $\frac{5}{2}$

Dezimalzahlen und Brüche umwandeln

Dezimalzahlen und Brüche umwandeln

Zehnerbruch		Dezimalzahl	Bruch		Zehnerbruch		Dezimalzahl
$\frac{9}{10}$	=	0,9	$\frac{4}{5}$	=	$\frac{8}{10}$	=	0,8
$\frac{13}{100}$	=	0,13	$\frac{3}{25}$	=	$\frac{12}{100}$	=	0,12
$\frac{37}{1000}$	=	0,037	$\frac{3}{125}$	=	$\frac{24}{1000}$	=	0,024

1 Schreibe als Dezimalzahl.

a) $\frac{47}{100}$ = ______ b) $\frac{381}{1000}$ = ______

c) $\frac{53}{100}$ = ______ d) $\frac{1031}{1000}$ = ______

e) $\frac{113}{100}$ = ______ f) $\frac{3007}{1000}$ = ______

2 Schreibe als Bruch.

a) 0,3 = ______ b) 0,59 = ______ c) 0,73 = ______ d) 1,17 = ______

3 Erweitere zuerst auf einen Zehnerbruch, schreibe dann als Dezimalzahl.

a) $\frac{4}{5}$ = ______ b) $\frac{3}{4}$ = ______ c) $\frac{11}{25}$ = ______ d) $\frac{6}{125}$ = ______

4 Kürze. Wandle in einen Zehnerbruch um, schreibe dann als Dezimalzahl.

a) $\frac{14}{28}$ = ______ b) $\frac{32}{200}$ = ______

c) $\frac{25}{125}$ = ______ d) $\frac{360}{800}$ = ______

5 Schreibe als Bruch. Kürze, wenn möglich.

a) 0,75 = ______ b) 0,48 = ______

c) 0,250 = ______ d) 0,96 = ______

6 Schreibe als Dezimalzahl. Dividiere dazu mit dem Taschenrechner. Runde auf Tausendstel.

a) $\frac{2}{3}$ = ______ b) $\frac{5}{9}$ = ______ c) $\frac{7}{22}$ = ______

d) $\frac{11}{32}$ = ______ e) $\frac{4}{23}$ = ______ f) $\frac{17}{27}$ = ______

7 Vergleiche. Setze passend <; =; > ein.

a) 0,431 ☐ 0,314 b) 2,4701 ☐ 2,471 c) 0,7 ☐ $0,\overline{7}$

d) 0,25 ☐ $0,\overline{3}$ e) 0,27 ☐ $0,2\overline{6}$ f) 9,345 ☐ 9,3456

Bruch	Dezimalzahl
$\frac{3}{5}$ = 3 : 5	= 0,6
$\frac{5}{12}$ = 5 : 12	= $0,41\overline{6}$

zu 3 und 4
0,048; 0,16; 0,2; 0,44; 0,45; 0,5; 0,75; 0,8

zu 6
0,174; 0,318; 0,344; 0,556; 0,630; 0,667

Periodische Dezimalzahlen

$\frac{1}{3}$ = 0,3333… = $0,\overline{3}$

$\frac{1}{6}$ = 0,1666… = $0,1\overline{6}$

$\frac{1}{9}$ = 0,111… = $0,\overline{1}$

1.1 Schreibe als Dezimalzahl.

a) $\frac{4}{10}$ b) $\frac{57}{100}$ c) $\frac{87}{100}$ d) $\frac{277}{1000}$ e) $\frac{3158}{1000}$

2.1 Schreibe als Bruch.

a) 0,7 b) 0,79 c) 0,349 d) 0,451 e) 0,6771
f) 1,3 g) 2,61 h) 5,047 i) 9,003 j) 3,01

3.1 Schreibe als Dezimalzahl.

a) $\frac{3}{5}$ b) $\frac{13}{20}$ c) $\frac{5}{4}$ d) $\frac{19}{25}$ e) $\frac{22}{125}$
f) $\frac{13}{20}$ g) $\frac{19}{25}$ h) $\frac{7}{125}$ i) $\frac{22}{125}$ j) $\frac{109}{125}$

4.1 Schreibe als Dezimalzahl.

a) $\frac{28}{56}$ b) $\frac{78}{60}$ c) $\frac{68}{400}$ d) $\frac{52}{104}$ e) $\frac{90}{250}$

5.1 Schreibe als Bruch. Kürze, wenn möglich.

a) 0,5 b) 0,25 c) 0,8 d) 1,2 e) 1,4
f) 0,6 g) 0,125 h) 0,400 i) 2,75 j) 5,35

6.1 Schreibe als Dezimalzahl.

a) $\frac{3}{7}$ b) $\frac{4}{7}$ c) $\frac{3}{13}$ d) $\frac{1}{21}$ e) $\frac{7}{40}$

7.1 Vergleiche. Setze passend <; = oder > ein.

a) 0,2 ☐ 0,2 b) 0,13 ☐ $0,1\overline{3}$ c) $0,7\overline{23}$ ☐ 0,732

8 Erkläre die Aussage: Man kann jede Dezimalzahl in einen Bruch umwandeln, aber nicht jeden Bruch in eine Dezimalzahl mit endlich vielen Dezimalen. Notiere dazu jeweils drei Beispiele.

Mit Dezimalzahlen rechnen

1 Berechne.

a) 23,679 : 6 =

b) 63,6 : 8 =

Dezimalzahlen dividieren 0,581 : 0,07

(1) **Nebenrechnungen**
- Anzahl der Dezimalstellen beim Divisor bestimmen — 0,07: 2 Dezimalstellen
- Aufgabe so verändern, dass der Divisor eine natürliche Zahl ist — 0,581 : 0,07 → 58,1 : 7

(2) Schriftlich dividieren

5	8,	1	:	7	=	8,	3	
5	6							
	2	1						
	2	1						
		0						

(3) Ergebnis notieren — 0,581 : 0,07 = 8,3

2 Berechne.

a) 4,3988 : 0,7
43, : 7 =

b) 6,12 : 0,9

3 Berechne.

a) 7 : 0,4

b) 9 : 0,15

Dezimalzahlen multiplizieren
(1) Schriftlich multiplizieren
(2) Dezimalstellen mit · · · markieren und addieren
(3) Komma im Ergebnis setzen

1,	3	4	·	0,	0	8	3	
			1	0	7	2		
					4	0	2	
				1				
		0,	1	1	1	2	2	

4 Berechne.

0,1708 : 0,28

5 Berechne.

a) 49,7 · 3,067 b) 9,6 · 4,9

zu 1 bis 5
0,61; 3,9465; 6,284; 6,8; 7,95; 17,5; 47,04; 60; 152,4299

1.1 a) 11,608 : 4 b) 20,001 : 3 c) 45,81 : 9 d) 63,45 : 15 e) 97,28 : 16 f) 167,79 : 17

2.1 a) 2,2456 : 0,4 b) 5,442 : 0,6 c) 0,8271 : 0,9

3.1 a) 9 : 0,6 b) 15 : 0,75 c) 56 : 0,4 d) 81 : 0,18 e) 104 : 0,16 f) 62 : 0,25

4.1 a) 0,1026 : 0,18 b) 0,2079 : 0,33 c) 0,2108 : 0,62

5.1 a) 6,8 · 3,6 b) 7,82 · 3,87 c) 0,7891 · 0,45

6 a) 34,7 + 28,6 b) 5,76 + 0,874 c) 8,997 + 8,997

7 a) 56,89 − 9,6 b) 34,988 − 8,97 c) 56,701 − 34

8 Berechne. Wandle zuerst den Bruch in eine Dezimalzahl um.
a) $1{,}5 + \frac{1}{4}$ b) $0{,}82 + \frac{4}{5}$ c) $\frac{7}{20} + 3{,}4$ d) $2{,}5 + \frac{9}{25}$

9 a) $1{,}09 - \frac{3}{4}$ b) $2{,}55 - \frac{23}{50}$ c) $\frac{18}{25} - 0{,}52$ d) $3{,}9 - 1\frac{13}{20}$

10 a) $3{,}5 \cdot \frac{1}{8}$ b) $1{,}22 \cdot \frac{3}{20}$ c) $2\frac{3}{4} \cdot 0{,}9$ d) $1{,}7 \cdot 1\frac{4}{5}$

11 a) $0{,}5 : \frac{5}{4}$ b) $4{,}375 : \frac{7}{8}$ c) $1\frac{1}{2} : 0{,}8$ d) $0{,}414 : \frac{3}{5}$

12 a) $3{,}6 + \frac{3}{5}$ b) $6{,}29 - \frac{7}{20}$ c) $3\frac{1}{8} \cdot 0{,}6$ d) $5\frac{4}{5} : 0{,}5$

13 Setze in die leeren Felder die Ziffern 9, 0, 1 und 6 so ein, dass das Ergebnis möglichst groß (klein) wird. Begründe.

□,□ · □,□ =

Größen umrechnen

1 Rechne um in die angegebene Einheit.

a) 7 cm = ______ mm
b) 4,8 cm = ______ mm
c) 3 cm^2 = ______ mm^2
d) 600 mm^2 = ______ cm^2
e) 9 cm^3 = ______ mm^3
f) 1400 mm^3 = ______ cm^3
g) 0,1 cm = ______ mm
h) 0,05 m^2 = ______ dm^2

Größen umrechnen	3,475 m (in cm)	750 g (in kg)
(1) **Nebenrechnung**		
– Grundbeziehung bestimmen	1 m = 100 cm	1000 g = 1 kg
– Umrechnungszahl bestimmen	· 100	: 1000
– Berechnen	3,475 · 100 = 347,5	750 : 1000 = 0,750
(2) Notieren	3,475 m = 347,5 cm	750 g = 0,750 kg

2 Rechne um.

a) 34 dm = ______ cm
b) 47 mm = ______ cm
c) 12,8 km = ______ m
d) 750 m = ______ km
e) 5 km = ______ cm
f) 0,5 km = ______ m
g) 0,75 cm = ______ mm
h) 600 cm = ______ m

3 Rechne um.

a) 78 cm^2 = ______ mm^2
b) 2400 dm^2 = ______ m^2
c) 7,84 dm^2 = ______ cm^2

4 Rechne um.

a) 28 cm^3 = ______ mm^3
b) 47 000 cm^3 = ______ dm^3
c) 4,007 dm^3 = ______ cm^3

5 Rechne um.

a) 90 hl = ______ l
b) 23 dm^3 = ______ l
c) 78 000 ml = ______ l
d) $6\frac{1}{2}$ l = ______ ml
e) 450 l = ______ hl
f) 8500 l = ______ m^3
g) 66 kg = ______ g
h) 80 t = ______ kg
i) 8500 mg = ______ g

6 Rechne um in die nächstkleinere Einheit.

a) 14 kg = ______
b) 1,4 t = ______
c) 6 h = ______

7 Rechne um in die nächstgrößere Einheit.

a) 500 mg = ______
b) 720 s = ______
c) 1250 mg = ______
d) 960 s = ______
e) 20 000 m = ______
f) 500 dm^2 = ______

Flächeninhalte

km^2 →(·100) ha →(·100) a →(·100) m^2 →(·100) dm^2 →(·100) cm^2 →(·100) mm^2
(rückwärts jeweils :100)

Rauminhalte

m^3 →(·1000) dm^3 →(·1000) cm^3 →(·1000) mm^3
(rückwärts jeweils :1000)

hl →(·100) l →(·1000) ml
(rückwärts :100, :1000)

1 dm^3 = 1 l   1 m^3 = 1000 l

Gewichte

t →(·1000) kg →(·1000) mg
(rückwärts jeweils :1000)

Zeitspannen

d →(·24) h →(·60) min →(·60) s
(rückwärts :24, :60, :60)

☑ zu 2 bis 7
0,5; 0,750; 1,250; 4,5; 4,7; 5; 6; 7,5; 8,5; 8,5; 12; 16; 20; 23; 24; 47; 78; 340; 360; 500; 784; 1400; 4007; 5000; 6500; 7800; 9000; 12 800; 14 000; 28 000; 66 000; 80 000

1.1 Rechne um in die angegebene Einheit.
a) 56 dm (cm) b) 7,9 cm (mm) c) 21,8 m (cm)

3.1 a) 7800 a (ha) b) 12 mm^2 (cm^2) c) 852 cm^2 (dm^2)
d) 90 cm^2 (mm^2) e) 6700 cm^2 (dm^2) f) 3,57 dm^2 (cm^2)

4.1 a) 14 cm^3 (mm^3) b) 29 000 mm^3 (cm^3) c) 6,023 dm^3 (cm^3)
d) 998 dm^3 (m^3) e) 1265 cm^3 (dm^3) f) 7050 dm^3 (m^3)

5.1 a) 87 hl (l) b) 206 dm^3 (l) c) 23 000 ml (l)
d) 0,5 t (kg) e) 67 500 kg (t) f) 9,062 g (mg)

6.1 Rechne um in die nächstkleinere Einheit.
a) 45,85 cm^2 b) 0,67 m^3 c) 23,1 ha d) 3,4 km
e) $9\frac{3}{4}$ min f) $7\frac{1}{4}$ t g) 25 km h) $4\frac{1}{2}$ h

7.1 Rechne um in die nächstgrößere Einheit.
a) 48 500 ml b) 7750 kg c) 45 min d) 4500 ha
e) 71 000 cm f) 65 000 cm^2 g) 69 000 cm^3 h) 5600 l

8 Bestimme die Umrechnungszahlen zu Geld (€ in Cent) und Leistung (Watt in kW). Kennst du weitere Umrechnungen?

1 Brüche erweitern, kürzen und vergleichen

a) Erweitere jeweils mit 7.

$\frac{2}{3} =$ ______

$\frac{11}{15} =$ ______

b) Vergleiche. Setze <; >; =.

$\frac{7}{9}$ ☐ $\frac{5}{9}$ $\qquad$ $\frac{7}{24}$ ☐ $\frac{3}{8}$

a) Kürze so weit wie möglich.

$\frac{24}{72} =$ ______

$\frac{120}{400} =$ ______

b) Vergleiche. Setze <; >; =.

$\frac{4}{7}$ ☐ $\frac{3}{5}$ $\qquad$ $\frac{17}{15}$ ☐ $\frac{13}{12}$

a) Kürze so weit wie möglich.

$\frac{63}{147} =$ ______

$\frac{64}{160} =$ ______

b) Vergleiche. Setze <; >; =.

$\frac{4}{5}$ ☐ $\frac{10}{13}$ $\qquad$ $1\frac{1}{2}$ ☐ $1\frac{1}{3}$

2 Brüche addieren, subtrahieren, multiplizieren und dividieren

Berechne.

a) $\frac{5}{6} + \frac{5}{12}$ $\qquad$ b) $\frac{2}{3} - \frac{1}{4}$

= ______ = ______

= ______ = ______

= ______ = ______

Berechne.

a) $\frac{3}{5} - \frac{5}{12}$ $\qquad$ b) $\frac{5}{12} \cdot \frac{4}{15}$

= ______ = ______

= ______ = ______

= ______ = ______

Berechne.

a) $2\frac{1}{2} \cdot 3\frac{2}{3}$ $\qquad$ b) $1\frac{3}{5} : 2\frac{2}{3}$

= ______ = ______

= ______ = ______

= ______ = ______

3 Dezimalzahlen und Brüche umwandeln

a) Schreibe als Dezimalzahl.

$\frac{53}{100} =$ ______ $\qquad$ $\frac{1}{4} =$ ______

b) Schreibe als Bruch.

0,05 = ______ $\qquad$ 1,8 = ______

a) Schreibe als Dezimalzahl.

$\frac{19}{25} =$ ______ $\qquad$ $\frac{3}{8} =$ ______

b) Schreibe als Bruch.

0,125 = ______ $\qquad$ 2,08 = ______

a) Schreibe als Dezimalzahl.

$1\frac{1}{3} =$ ______ $\qquad$ $\frac{3}{7} =$ ______

b) Schreibe als Bruch.

25,7 = ______ $\qquad$ 0,0054 = ______

4 Dezimalzahlen multiplizieren und dividieren

Berechne 36,7 · 5,03

Berechne 9,38 : 0,7

Berechne 81 : 0,18

5 Größen umrechnen

Rechne um in die angegebene Einheit.

a) 5,2 kg = ______ g

b) 3,25 m = ______ cm

c) 8000 l = ______ hl

d) 3,5 m^3 = ______ dm^3

e) 50 a = ______ ha

Rechne um in die angegebene Einheit.

a) 3500 m = ______ km

b) $\frac{1}{2}$ kg = ______ g

c) 2,5 m = ______ cm

d) 500 ml = ______ l

e) 1,5 ha = ______ km^2

Rechne um in die nächstkleinere Einheit.

a) 15 hl = ______

b) $\frac{1}{4}$ m^3 = ______

nächstgrößere Einheit.

c) 15 min = ______

d) 3500 ha = ______

Anteile in Prozent bestimmen

1 Ergänze die fehlenden Anteile.

	Bruch	Dezimalzahl	Prozent
a)			7%
b)	$\frac{3}{5}$		
c)		0,75	

Anteile in Prozent bestimmen

3 € von 4 €

(1) Anteil als Bruch notieren $= \frac{3}{4}$

(2) Bruch in Hundertstel verwandeln $= \frac{75}{100}$

(3) Anteil in Prozent notieren $= 75\,\%$

3 € von 8 €

(1) Anteil als Quotient notieren $= 3 : 8$

(2) Als Dezimalzahl notieren $= 0{,}375$

(3) Anteil in Prozent notieren $= 37{,}5\,\%$

2 Gib den Anteil in Prozent an.

a) 3 € von 5 € b) 12 € von 20 €

$\frac{3}{5} = \frac{60}{100} =$ %

c) 12 € von 16 € d) 9 € von 15 € e) 12 € von 15 € f) 24 € von 32 €

Auf Hundertstel erweitern, wenn möglich
$\frac{12}{16} = \frac{3}{4} = \frac{75}{100}$

3 Gib den Anteil in Prozent an. Runde dazu die Dezimalzahl auf Tausendstel.

a) 3 € von 7 € b) 7 € von 9 €

c) 5 € von 9 € d) 4 € von 15 €

e) Preisänderung: 25 € statt 20 € f) Preisänderung: 18 € statt 14 €

Es treten auch Prozentangaben über 100 % auf.
$\frac{125}{100} = 1{,}25 = 125\,\%$

4 Gib die Anteile in Prozent an.

Toilette / Waschen / Spülen

Trinkwasser

Sonstiges

Wasserverbrauch je Einwohner und Tag

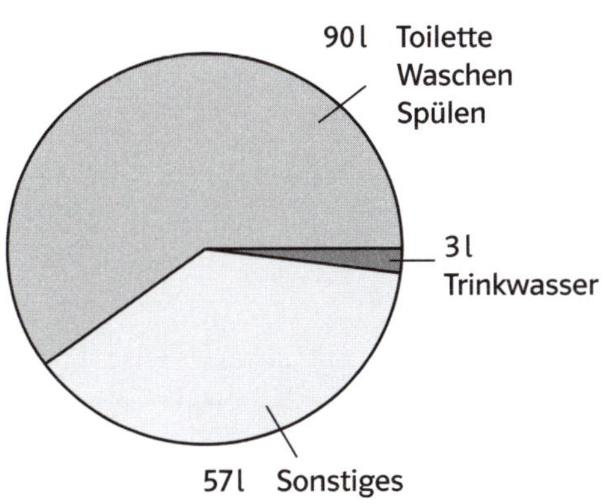

zu 2 bis 4
2; 26,7; 38; 42,9; 55,6; 60; 60; 60; 60; 75; 75; 77,8; 80; 125; 128,6

1.1 Schreibe den Anteil als Bruch, als Dezimalzahl und in Prozent.
a) 0,22 b) $\frac{21}{25}$ c) 18 % d) 15 %
e) $\frac{3}{5}$ f) 0,4 g) 1,2 h) 235 %

2.1 Gib den Anteil in Prozent an.
a) 9 kg vom 25 kg b) 33 kg von 50 kg
c) 12 € von 15 € d) 21 € von 28 €
e) 60 m von 75 m f) 88 m von 110 m
g) 224 km von 350 km h) 306 km von 360 km

3.1 Gib den Anteil in Prozent an. Runde dazu die Dezimalzahl auf Tausendstel.
a) 3 € von 7 € b) 5 € von 8 €
c) 5 km von 4 km d) 8 km von 7 km

4.1 400 Personen wurden nach ihren Urlaubszielen befragt. Gib die Anteile in Prozent an.

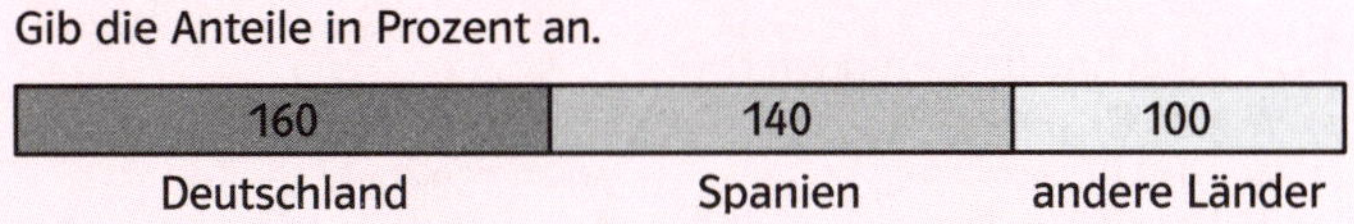

Grundaufgaben der Prozentrechnung

Grundwert G berechnen	**Prozentsatz p% berechnen**	**Prozentwert W berechnen**
p% = 5%	G = 250 €	G = 250 €
W = 12,50 €	W = 12,50 €	p% = 5%
G = W : p%	**p% = W : G**	**W = G · p%**
G = 12,50 € : 5%	p% = 12,50 € : 250 €	W = 250 € · 5%
= 12,50 € : 0,05	= 0,05	= 250 € · 0,05
= 250 €	= 5%	= 12,50 €

1 a) Berechne den Prozentwert W.
Grundwert G = 470 €
Prozentsatz p% = 2%

b) Berechne den Prozentsatz p%.
Grundwert G = 750 l
Prozentwert W = 225 l

c) Berechne den Grundwert G.
Prozentwert W = 42 €
Prozentsatz p% = 3%

2 Fülle die Tabelle aus. Rechne im Kopf.

	a)	b)	c)	d)	e)
Grundwert G	270 €	60 €		150 €	
Prozentsatz p%	30%		5%	4%	3%
Prozentwert W		15 €	35 €		36 €

3 Berechne den Prozentsatz p%. Runde auf eine Stelle nach dem Komma.

37 m von 157 m
p% = 37 : 157
= 0,2356 … ≈ 0,236
= 23,6%

a) 13 m von 42 m

b) 25 m von 180 m

4 Der Messestand der Firma SOFT wurde dienstags von 250 Interessenten besucht. 24% davon erteilten einen Auftrag. Wie viele waren es?

G =

Formeln
G = W : p%
W = G · p%
p% = W : G

(1) Formel notieren
(2) Werte einsetzen
(3) Berechnen

TIPP fürs Kopfrechnen
Bestimme zunächst 1%.

W berechnen
100% entsprechen 600 €
1% entspricht 6 €
5% entsprechen **30 €**

G berechnen
5% entsprechen 30 €
1% entspricht 6 €
100% entsprechen **600 €**

p% berechnen
100% entsprechen 600 €
1% entspricht 6 €
5% entsprechen 30 €

☑ zu 1 bis 4
6; 9,4; 13,9; 25; 30; 31,0; 60; 81; 700; 1200; 1400

1.1 Berechne den Prozentwert W.
a) 8% von 156,25 € b) 40% von 183,75 €
c) 72% von 32,50 m d) 15% von 245,00 €
e) 12% von 585,00 m f) 6% von 1170,00 m

1.2 Berechne den Prozentsatz p%.
a) 12,48 m von 312,00 m b) 65,60 € von 82,00 €
c) 14,70 € von 183,75 € d) 88,20 m von 1470,00 m
e) 46,80 m von 65,00 m f) 70,20 m von 195,00 m

1.3 Berechne den Grundwert G.
a) W = 24 €; p% = 6% b) W = 26 €; p% = 2%
c) W = 117 €; p% = 9% d) W = 37,50 €; p% = 5%
e) W = 156 €; p% = 4% f) W = 92,80 €; p% = 8%

3.1 Berechne den Prozentsatz p%. Runde auf eine Stelle nach dem Komma.
a) W = 7 €; G = 9 € b) W = 11 €; G = 14 €
c) W = 113 €; G = 156 € d) W = 186 €; G = 245 €
e) W = 90 €; G = 3000 € f) W = 50 €; G = 10 000 €
g) W = 62,50 €; G = 250 € h) W = 200 €; G = 8000 €

5 Welche Aussagen sind wahr?
Begründe deine Meinung.
a) Der Grundwert G ist immer 100%.
b) Der Prozentwert W ist immer kleiner als der Grundwert G.
c) Der Mehrwertsteuersatz ist ein Prozentsatz.
d) Der Prozentsatz p% ist immer kleiner als 100%.

Endwert berechnen

1 Eine Monatskarte kostet 50 €. Die Verkehrsbetriebe wollen den Preis um 5 % erhöhen. Berechne den neuen Preis.

(1) Ausgangswert A: ____________

Veränderung: ____________

Wachstumsfaktor: ____________

(2) ____________

(3) ____________

(4) ____________

____

Endwert E berechnen	Eine Wohnungsmiete beträgt 500 € im Monat. Sie wird um 2 % erhöht. Berechne den neuen Mietpreis.
(1) **Nebenrechnung**	
– Ausgangswert A notieren	A = 500 €
– Veränderung notieren	Veränderung: + 2 %
– Wachstumsfaktor bestimmen	Wachstumsfaktor: · 1,02
(2) Formel notieren	Endwert E = A · Wachstumsfaktor
(3) Werte einsetzen und berechnen	E = 500 € · 1,02 = 510 €
(4) Antwort notieren	Der neue Mietpreis beträgt 510 €.

2 Berechne den Endwert E mithilfe des Wachstumsfaktors.

	a)	b)	c)	d)
Ausgangswert A	700 €	500 €	420 €	325 €
Veränderung	+ 3 %	– 7 %	– 11 %	+ 15 %
Wachstumsfaktor				
Endwert E				

3 Eine Hose kostet 85 €. Nachdem ein Webfehler entdeckt wurde, soll der Preis um 22 % vermindert werden. Berechne den neuen Preis.

Ausgangswert A	Wachstumsfaktor	Endwert E

4 ☆ Laut Katalog soll ein Computer komplett 780 € kosten. Allerdings kommen noch 19 % dieses Preises als Mehrwertsteuer hinzu. 2 % dieses Gesamtpreises können nun bei Barzahlung wieder abgezogen werden. Berechne.

Bei prozentualen Abnahmen gilt:
Abnahme – 3 %

alter Preis	Veränderung	neuer Preis
100 %	– 3 %	= 97 %

Wachstumsfaktor
A —(· 0,97)→ E

Der Ausgangswert A entspricht dem Grundwert G.

zu 4
A —(1,19 · 0,98)→ E
E = A · 1,19 · 0,98

zu 1 bis 4
52,50; 66,30; 373,75; 373,80; 465,00; 721,00; 909,64

1.1 Welcher Wachstumsfaktor gehört zur Veränderung?
a) + 14 % b) – 26 % c) + 2 % d) – 5 % e) – 31 %

2.1 Übertrage die Tabelle in dein Heft. Berechne den Endwert E mithilfe des Wachstumsfaktors.

	a)	b)	c)	d)
Ausgangswert A	70 €	25 €	300 €	75 €
Veränderung	+ 3 %	+ 15 %	– 9 %	– 15 %
Wachstumsfaktor				
Endwert E				

3.1 Eine Packung DVDs kostet 6,95 €. Bei Abnahme von 10 Packungen können 7 % des Preises pro Packung abgezogen werden. Berechne den neuen Preis einer Packung.

3.2 Ein Fernsehgerät kostet laut Katalog 995 €. Die Mehrwertsteuer von 19 % (Stand 2011) ist bei diesem Katalog noch hinzuzurechnen. Berechne den Preis einschließlich Mehrwertsteuer.

3.3 Das Automobilwerk erhöht die Preise um 3,2 %. Zurzeit kostet das Modell Carlo noch 23 900 €. Berechne den neuen Preis.

3.4 Preissenkungen im Winterschlussverkauf. Die Anzüge der Gruppe C werden um 35 % reduziert. Die alten Preise waren 359,00 €; 419,00 € und 479,50 €. Wie viel Euro kosten sie nun?

5 Bestimme den Wachstumsfaktor bei den folgenden Veränderungen. Erkläre.
a) Der Endwert ist doppelt so groß wie der Grundwert.
b) Der Endwert ist halb so groß wie der Grundwert.

Prozente in Diagrammen darstellen

1 Berechne die Mittelpunktswinkel für die restlichen Anteile des Kreisdiagramms im Kasten und kontrolliere durch Nachmessen.

Cadmiumanteil: β = ______

Kupferanteil: ______

Zinkanteil: ______

Kreisdiagramm erstellen

Zusammensetzung einer Metalllegierung — Silberanteil 20 %

(1) Kreis zeichnen — Vollkreis 360° = 100 %

(2) Mittelpunktswinkel berechnen — $\alpha = 360° \cdot p\%$
$= 360° \cdot 0{,}20$
$= 72°$

(3) Mittelpunktswinkel zeichnen

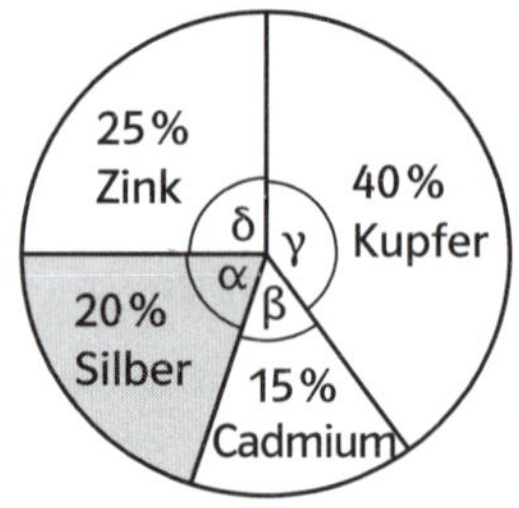

2 Im 8. Schuljahrgang kommen 20 % der Schüler aus Wettmar, 25 % aus Fuhrberg und 55 % aus Burgdorf. Veranschauliche die Verteilung in einem Kreisdiagramm. Berechne die Mittelpunktswinkel.

20 % ≙ ______ 55 % ≙ ______

25 % ≙ ______

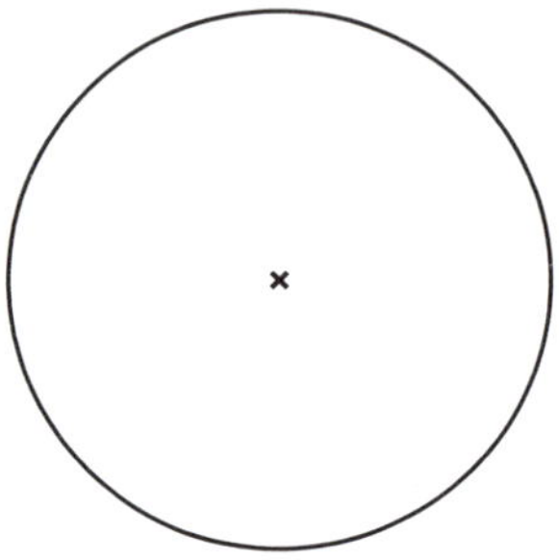

3 Im Streifendiagramm ist die Zusammensetzung des deutschen Warenkorbes für das Jahr 2005 dargestellt.

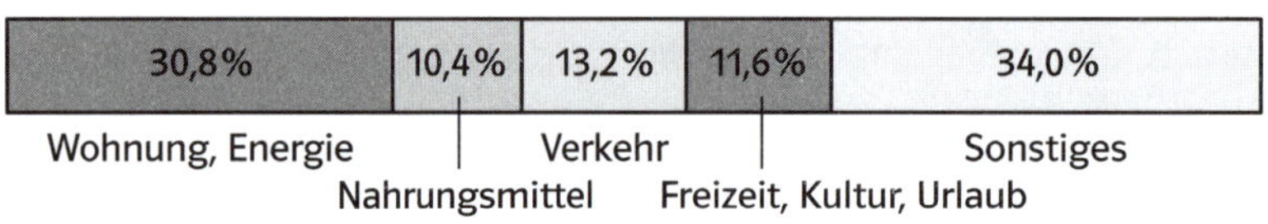

Eine Durchschnittsfamilie hat 2400 € im Monat zur Verfügung. Berechne, wie viel € für die einzelnen Bereiche durchschnittlich ausgegeben wurden.

30,8 % von 2400 € = ______ 10,4 % von ______

13,2 % ______

______

4 Zeichne ein 100 mm langes Streifendiagramm für die Schülerverteilung aus der Aufgabe 2. Berechne zunächst die Länge der einzelnen Abschnitte.

20 % ≙ ______ 25 % ≙ ______ 55 % ≙ ______

Manchmal gehts mit Brüchen schneller!
$5\,\% = \frac{1}{20}$; $10\,\% = \frac{1}{10}$;
$20\,\% = \frac{1}{5}$; $25\,\% = \frac{1}{4}$;
$50\,\% = \frac{1}{2}$

zu 2 und 4
≙ bedeutet „entspricht“

zu 3
Warenkorb
Die Zusammenstellung des „Warenkorbes“ wird alle 4 Jahre neu ermittelt. Aktuelle Zahlen sind im Internet, siehe *„Warenkorb“*.

zu 4
Streifendiagramm

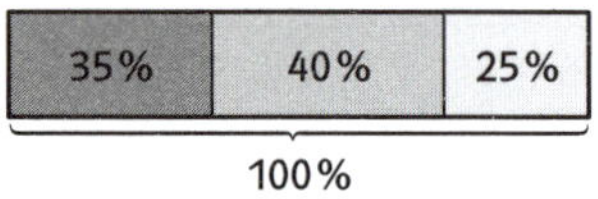

Für Streifendiagramme in der Prozentrechnung verwendet man auch die Bezeichnung **Prozentstreifen.** Zur Darstellung wird z. B. eine Länge von 10 cm = 100 mm als Ganzes (100 %) gewählt.

1.1 Die letzten Gemeinderatswahlen erbrachten als Ergebnis 8670 gültige Stimmen. Davon entfielen auf: CDU 3225 Stimmen; SPD 2775; Bündnis 90/Die Grünen 1321; Die Linke 615 und FDP 517 Stimmen, der Rest entfiel auf andere Parteien.
a) Berechne die Stimmanteile in Prozent.
b) Berechne die zu den Stimmanteilen gehörenden Mittelpunktswinkel.
c) Zeichne ein Kreisdiagramm (r = 4 cm) und färbe die Kreisanteile mit verschiedenen Farben ein.

3.1 Schwefeldioxid verursacht den sauren Regen. 1994 wurden 2 500 000 t in die Atmosphäre abgegeben. Das Streifendiagramm veranschaulicht die Anteile der einzelnen Verursacher in Prozent.

a) Übertrage das Diagramm in dein Heft. (Länge: 10 cm)
b) Berechne, wie viel Tonnen auf die einzelnen Verursacher entfielen.

Sachaufgaben mit Brutto und Netto berechnen

1 Frau Burger erhält einen Bruttolohn von 2100 €. Ihre Abzüge betragen 32 %. Berechne den Nettolohn.

(1) Ausgangswert A: ______________________

Veränderung: ______________________

Wachstumsfaktor: ______________________

(2) E = ______________________

(3) ______________________

(4) ______________________

Sachaufgaben berechnen

Bruttolohn	
Abzüge	Nettolohn

(1) **Nebenrechnung**	
– Ausgangswert A notieren	A = 2850 € (Bruttolohn)
– Veränderung notieren	Veränderung: – 35 %
– Wachstumsfaktor bestimmen	Wachstumsfaktor: · 0,65
(2) Formel notieren	Endwert E = A · Wachstumsfaktor
(3) Werte einsetzen und berechnen	E = 2850 € · 0,65 = 1852,50 €
(4) Antwort notieren	Der Nettolohn beträgt 1852,50 €.

2 Das Bruttogewicht einer Kiste beträgt 94 kg. Die Verpackung (Tara) wiegt 14,1 kg.

a) Wie viel Prozent des Bruttogewichts macht die Verpackung aus?

b) Wie groß ist das Nettogewicht?

c) Wie viel Prozent vom Bruttogewicht ist das Nettogewicht?

3 Berechne die fehlenden Angaben.

	Beispiel	a)	b)	c)
Brutto	40 kg	3,5 t	480 kg	5,000 t
Netto	24 kg	2,1 t		2,950 t
Tara	16 kg		72 kg	
Netto in % vom Brutto	$\frac{24}{40}$ = 60 %			

4 Eine Kiste mit Erdbeeren wird zu 12,00 € angeboten. Das Bruttogewicht beträgt 3,100 kg, die leere Kiste wiegt 0,403 kg.
Berechne den Kilopreis der Erdbeeren. Runde sinnvoll.

i

Abzüge vom Lohn

- Lohnsteuer
- Arbeitslosenversicherung
- Krankenversicherung
- Rentenversicherung
- …

zu 2 bis 4

Bruttogewicht	
Tara	Nettogewicht

Brutto: Gesamtgewicht
Tara: Verpackung
Netto: Gewicht ohne Verpackung

Formeln zur Prozentrechnung

Prozentwert W
W = G · p%

Prozentsatz p%
p% = W : G

Grundwert G
G = W : p%

3.1 Berechne die fehlenden Angaben.

	a)	b)	c)	d)
Brutto in kg	40	3,500	480,000	4,500
Netto in kg	36	3,115	393,600	2,950
Tara in kg				
Netto in % vom Brutto				

	e)	f)	g)	h)
Brutto in kg	46,000		380	
Netto in kg		3,150		25,500
Tara in kg	8,280	0,350		
Netto in % vom Brutto			80 %	85 %

4.1 Frau Chentier verdient im Monat 3250 €. Von diesem Bruttolohn werden insgesamt 32 % für Steuern und Versicherungen einbehalten. Wie viel Euro bekommt sie ausbezahlt?

5 Herr Wagner ist Beamter. Er hat ein Bruttogehalt von 3400 €. 22 % davon werden für Lohnsteuer, Solidaritätszuschlag und Kirchensteuer einbehalten. Für Kranken- und Pflegeversicherung bezahlt er selbst 380 €.

a) Wie viel Euro bekommt er ausbezahlt?

b) Wie viel Prozent des Bruttogehalts bezahlt er für Kranken- und Pflegeversicherung?

c) Wie viel Prozent seines Bruttoeinkommens stehen ihm zur Verfügung?

Promille berechnen

1 Schreibe in Promille.

a) $\frac{2}{1000}$ = ________ b) $\frac{7}{1000}$ = ________

c) $\frac{12}{1000}$ = ________ d) $\frac{15}{1000}$ = ________

e) $\frac{125}{1000}$ = ________ f) $\frac{379}{1000}$ = ________

g) $\frac{1}{200}$ = ________ h) $\frac{3}{500}$ = ________

Promille bestimmen $0{,}3\,\% = \frac{0{,}3}{100} = \frac{3}{1000} = 3\,‰$

	Bruch $\frac{1}{200}$	Dezimalzahl 0,006
(1) Bruch in Tausendstel	$\frac{5}{1000}$	–
(2) In Promille notieren	5 ‰	6 ‰

2 Schreibe in Promille.

a) 0,007 = ________ b) 0,009 = ________ c) 0,012 = ________ d) 0,036 = ________

e) 0,152 = ________ f) 0,391 = ________ g) 0,1 = ________ h) 2,04 = ________

3 Schreibe als Dezimalzahl und als gekürzten Bruch.

a) 2 ‰ = ________ b) 9 ‰ = ________

c) 12 ‰ = ________ d) 17 ‰ = ________

e) 0,8 ‰ = ________ f) 1420 ‰ = ________

4 Berechne die Jahresprämie in Euro.

	a)	b)	c)
Versicherungssumme G	65 000 €	123 000 €	180 000 €
Prämiensatz p‰	2 ‰	1,5 ‰	3 ‰
Jahresprämie W			

5 Eine Blutprobe ergibt 1,2 ‰ Alkoholanteil im Blut. Wie viel cm^3 Alkohol sind dann in 7000 cm^3 Blut enthalten?

____

____

i

Prozent %
von Hundert
$3\,\% = \frac{3}{100}$
Kleine Prozentsätze gibt man in Promille an.

Promille ‰
von Tausend
$7\,‰ = \frac{7}{1000}$

Promillerechnung wie **Prozent**rechnung

Grundwert	G
Promillesatz	p‰
Promillewert	W

zu 5
$7000\,cm^3 = 7\,l$

zu 4 bis 5
8,4; 130,00; 540,00; 184,50

1.1 Schreibe in Promille. a) $\frac{6}{1000}$ b) $\frac{7}{100}$ c) $\frac{5}{250}$

2.1 Schreibe in Promille.

a) 0,002 b) 0,008 c) 0,005 d) 0,003
e) 0,034 f) 0,327 g) 0,076 h) 0,300
i) 0,0041 j) 0,0007 k) 0,0016 l) 2,0045

3.1 Schreibe als Dezimalzahl und als gekürzten Bruch.

a) 3 ‰ b) 5 ‰ c) 8 ‰ d) 6 ‰
e) 13 ‰ f) 19 ‰ g) 75 ‰ h) 125 ‰
i) 0,2 ‰ j) 0,8 ‰ k) 1200 ‰ l) 1350 ‰

4.1 Berechne die Jahresprämie.

	a)	b)	c)
Versicherungssumme G	35 000 €	52 000 €	24 000 €
Prämiensatz p‰	1,8 ‰	1,6 ‰	2,2 ‰
Jahresprämie W			

4.2 Berechne die fehlenden Werte.

	a)	b)	c)
Versicherungssumme G	40 000 €	132 000 €	
Prämiensatz p‰	1,8 ‰	1,6 ‰	3 ‰
Jahresprämie W			180 €

5.1 Die Feuerversicherung verlangt für ein mit Ziegeln gedecktes Haus 0,7 ‰ des Hauswertes an Jahresprämie. Berechne die Jahresprämie für einen Hauswert von 385 000 €.

6 Im Straßenverkehr gibt es Promille-Grenzen. Die relative Fahrunfähigkeit beginnt ab 0,3 Promille, die absolute Fahrunfähigkeit ab 1,1 ‰. Für Fahranfänger gilt die „Null-Komma-Null-Promille-Grenze".
Was bedeuten diese Angaben? Erkläre.

Jahreszinsen berechnen

1 Berechne die Jahreszinsen Z für ein Kapital von 2700 € und einen Zinssatz von 4 %.

(1) K = 2700 €; p% = ____________

(2) Z = ____________

(3) ____________

(4) ____________

Jahreszinsen Z berechnen — Wie viel Jahreszinsen erhält man bei einem Kapital von 5000 € bei einer Verzinsung von 7 %?

Nebenrechnung

(1) Gegebene Werte bestimmen	K = 5000 €; p% = 7 %
(2) Formel notieren	Z = K · p%
(3) Werte einsetzen und berechnen	Z = 5000 € · 7 % = 350 €
(4) Antwort notieren	Man erhält 350 € Jahreszinsen.

2 Berechne die Jahreszinsen Z im Kopf.

	a)	b)	c)	d)
Kapital K	3000 €	5000 €	400 €	2500 €
Zinssatz p%	5 %	3 %	4 %	2 %
Jahreszinsen Z				

3 Berechne die Jahreszinsen Z.

	a)	b)	c)
Kapital K	2000 €	300 €	15 000 €
Zinssatz p%	7,1 %	9,8 %	2,3 %
Jahreszinsen Z	2000 € · 7,1 % =		

	d)	e)	f)
Kapital K	2700 €	300 €	12 439 €
Zinssatz p%	12 %	7,2 %	3,2 %
Jahreszinsen Z			

4 Für ein Darlehen von 12 000 € verlangt die Bank pro Jahr der Laufzeit 9,8 % Zinsen. Wie viel Euro sind das pro Jahr?

K = ____________ p% = ____________

Jahreszinsen Z berechnen

$Z = K \cdot p\%$

K Kapital
p% Zinssatz
Z Jahreszinsen

TIPP fürs Kopfrechnen
Bestimme zunächst 1 %.
100 % entsprechen 3000 €
1 % entspricht 30 €
7 % entsprechen 210 €

zu 1 bis 4
16; 21,60; 29,40; 50; 108; 142; 150; 150; 324; 345; 398,05; 1176

zu 5
Aktuelle Angaben zur Kündigungsfrist bei Sparbüchern findet man im Internet.

2.1 Berechne die Jahreszinsen Z im Kopf.

	a)	b)	c)	d)	e)
Kapital K	2000 €	4000 €	300 €	1500 €	1200 €
Zinssatz p%	7 %	9 %	14 %	5 %	9 %

3.1 Berechne die Jahreszinsen Z.

	a)	b)	c)	d)	e)
Kapital K	3520 €	4520 €	320 €	6610 €	12 640 €
Zinssatz p%	8 %	11 %	4 %	5,3 %	9,9 %

3.2 Berechne die Jahreszinsen Z.

	a)	b)	c)	d)	e)
Kapital K	420 €	760 €	540 €	690 €	754 €
Zinssatz p%	9 %	3 %	4,2 %	0,6 %	7,3 %

5 Die Sparkasse zahlt 1,25 % Jahreszinsen für ein Sparkonto mit gesetzlicher Kündigung. Bei einer Kündigungsfrist von einem Jahr ist der Zinssatz 2,1 %.
Berechne die Jahreszinsen für ein Kapital von 1300 € für beide Zinssätze. Wie viel Euro beträgt der Unterschied?

Zinssatz und Kapital berechnen

1 Berechne die fehlende Größe.

a) Z = 42 €; K = 350 €

(2) ____

(3) ____

b) Z = 38 €; p% = 19 %

(2) ____

(3) ____

c) Z = 125 €; K = 8750 €

(2) ____

(3) ____

d) Z = 478,50 €; p% = 11 %

____

____

	Zinssatz p% berechnen	**Kapital K berechnen**
(1) Gegebene Werte notieren	Z = 350 € K = 5000 €	Z = 350 € p% = 7 %
(2) Formel notieren	p% = Z : K	K = Z : p%
(3) Werte einsetzen und berechnen	p% = 350 € : 5000 € = 0,07 = 7 %	K = 350 € : 0,07 = 5000 €
(4) Antwort notieren	Zinssatz ist 7 %.	Kapital ist 5000 €.

Zinssatz p% berechnen
p% = Z : K

Kapital K berechnen
K = Z : p%

TIPP fürs Kopfrechnen
Bestimme zunächst 1 %.

2 Fülle die Tabelle vollständig aus.

	a)	b)	c)	d)
Kapital K		4500,00 €	600,00 €	
Zinssatz p%	8 %			7 %
Jahreszinsen Z	122,40 €	315,00 €	48,00 €	7,50 €

3 Für einen Kredit von 7000 € sollen Radekes 644 € Jahreszinsen zahlen. Berechne den Zinssatz.

(1) ____

(2) ____

(3) ____

(4) ____

4 Lübkes erhielten Jahreszinsen in Höhe von 4300 €. Der Zinssatz betrug 8 %. Wie hoch ist das eingesetzte Kapital?

zu 1 bis 4
1,4; 7; 8; 9,2; 12; 107,14; 200; 1530,00; 4350; 53 750,00

1.1 Berechne den Zinssatz p%.

	a)	b)	c)	d)
Kapital K	3500 €	6200 €	420 €	8320 €
Jahreszinsen Z	140 €	434 €	25,20 €	748,80 €

	e)	f)	g)	h)
Kapital K	230 €	910 €	642 €	956 €
Jahreszinsen Z	10,58 €	83,72 €	33,38 €	108,98 €

1.2 Berechne das Kapital K.

	a)	b)	c)	d)
Jahreszinsen Z	180 €	803 €	284,80 €	634,20 €
Zinssatz p%	5 %	11 %	8 %	14 %

	e)	f)	g)	h)
Jahreszinsen Z	27,72 €	70,98 €	368,52 €	62,70 €
Zinssatz p%	4,2 %	9,1 %	3,7 %	16,5 %

3.1 Für ein Kapital von 1250 € erhält Ines 87,50 € Jahreszinsen. Berechne den Zinssatz.

3.2 Ein Darlehen von 15 000 € wird mit 13,2 % verzinst. Wie viel Euro Zinsen sind nach einem Jahr zu zahlen?

3.3 Ein Kredit über 17 000 € ist mit einem Zinssatz von 9,7 % ausgestattet. Berechne die Jahreszinsen.

3.4 Rosis Mutter hatte ein Darlehen über 5000 € aufgenommen. Nach einem Jahr zahlt sie 5450 € zurück. Berechne den Zinssatz.

5 Zweimal wurde der Preis eines Flachbildschirms gesenkt, zuerst um 15 %, nach zwei Monaten der reduzierte Preis nochmals um 20 %. Der Preis beträgt jetzt 135,32 €.
a) Wie hoch war der ursprüngliche Preis?
b) Um wie viel Prozent wurde der Preis insgesamt ermäßigt?

Tageszinsen berechnen

Tageszinsen Z_t berechnen

Kapital	Zinssatz	Jahreszinsen	Zinszeit	Tageszinsen
K	$\xrightarrow{\cdot p\%}$	Z	$\xrightarrow{\cdot \frac{t}{360}}$	Z_t

(1) Gegebene Werte notieren	K = 4200 €; p% = 6%; t = 140 d
(2) Formel notieren	$Z_t = K \cdot p\% \cdot \frac{t}{360}$
(3) Werte einsetzen, berechnen	$= 4200\,€ \cdot 0{,}06 \cdot \frac{140}{360} = 98\,€$
(4) Antwort notieren	Die Tageszinsen für 140 Tage betragen 98 €.

1 a) Berechne die Jahreszinsen Z.
K = 5400 €; p% = 7%

(2) Z = ______

(3) ______

b) Berechne die Zinsen Z_t für 30 Tage.
K = 5400 €; p% = 7%; t = 30 d

Z_t = ______

______

2 Berechne die Tageszinsen Z_t.

a) K = 1500 €; p% = 5%; t = 144 d

(2) Z_t = ______

(3) ______

(4) ______

b) K = 1200 €; p% = 4%; t = 81 d

______

______

______

3 Ina hat von der Großmutter 600 € geschenkt bekommen. Da sie das Geld erst nach 2 Monaten braucht, legt sie es auf einem Festgeldkonto an. Dort wird es mit 2,5% verzinst. Wie viel Zinsen erhält sie für die 60 Tage?

(1) ______

(2) ______

(3) ______

______

(4) ______

4 Berechne zunächst die Jahreszinsen Z und dann den Zinssatz p%.

a) K = 1500 €; Z_t = 105 €; t = 210 d

Zinsen für 1 Tag: ______

Zinsen für 360 Tage: ______

p% = ______

b) K = 870,00 €; Z_t = 4,35 €; t = 30 d

Zinsen für 1 Tag: ______

Zinsen für 360 Tage: ______

______

Zeiten
1 Tag = 1 d (day)
Zinsjahr 360 Tage = 360 d
Zinsmonat 30 Tage = 30 d

(Zeitfaktor) Zinszeit
$\frac{\text{Zinstage}}{\text{Zinsjahr}} = \frac{t}{360}$
für 20 Tage $\cdot \frac{20}{360}$
für 65 Tage $\cdot \frac{65}{360}$

Formeln
$Z_t = K \cdot p\% \cdot \frac{t}{360}$
$p\% = \frac{Z_t \cdot 360}{K \cdot t}$

☑ zu 1 bis 4
2,50; 6; 12; 10,80; 30; 31,50; 378

1.1 Berechne die fehlenden Werte.

	a)	b)	c)	d)	e)
K	9900 €	225 €	2625 €	4000 €	18 000 €
p%	4%	8%	12%	6%	3%
Z					
t	12 d	92 d	64 d	108 d	96 d
Z_t					

1.2 Berechne die fehlenden Werte.

	a)	b)	c)	d)	e)
K	39 600 €	4200 €	157 500 €	51 840 €	2250 €
p%					
Z					
t	12 d	92 d	64 d	40 d	96 d
Z_t	66 €	32,20 €	1680 €	288 €	36 €

2.1 Berechne die Tageszinsen Z_t.

	a)	b)	c)	d)	e)
K	9900 €	180 €	52 500 €	48 000 €	1500 €
p%	8%	5%	3%	4%	6%
t	15 d	1 Monat	$\frac{1}{4}$ Jahr	108 d	96 d

	f)	g)	h)	i)	j)
K	8000 €	500 €	25 000 €	150 000 €	6500 €
p%	2,5%	10,5%	3,5%	12%	1,75%
t	$\frac{1}{2}$ Jahr	2 Monate	45 d	37 d	120 d

5 Herr Claus erhält eine Überweisung von 7200 € auf sein Girokonto. Dort bekommt er 0,5% Zinsen.
a) Wie viel Euro sind das nach 30 Tagen?
b) Wenn er das Geld als Festgeld angelegt hätte, wäre der Zinssatz 1,75% gewesen. Wie viel Euro hätte er hier nach 30 Tagen erhalten?

1 Anteil notieren ☹ 😐 ☺

Schreibe den Anteil als Bruch, als Dezimalzahl und in Prozent.

a) $\frac{1}{5}$ = ______

b) 0,09 = ______

Schreibe den Anteil als Bruch, als Dezimalzahl und in Prozent.

a) $\frac{12}{16}$ = ______

b) 1,05 = ______

Schreibe den Anteil als Bruch, als Dezimalzahl und in Prozent.

a) $\frac{4}{125}$ = ______

b) 1,2834 = ______

2 Prozentwert, Prozentsatz und Grundwert berechnen ☹ 😐 ☺

Berechne den Prozentwert W.
G = 550 kg; p% = 22%

______

Berechne den Prozentsatz p%.
W = 22,95 m^2; G = 85 m^2

______

Berechne den Grundwert G.
W = 92,40 €; p% = 7%

______

3 Wachstumsfaktor bestimmen ☹ 😐 ☺

Gib den Wachstumsfaktor an, der zur Veränderung +11% gehört.

______

Gib den Wachstumsfaktor an, der zur Veränderung −11% gehört.

______

Gib den Wachstumsfaktor an, der zur Veränderung −32,5% gehört.

______

4 Endwert berechnen ☹ 😐 ☺

Berechne den Endwert E.
Ausgangswert A = 800 l
Veränderung: +6%

Wachstumsfaktor: ______

______

______

Berechne den Endwert E.
Ausgangswert A = 750 m^2
Veränderung: −15%

Wachstumsfaktor: ______

______

______

Berechne den Endwert E.
Ausgangswert A = 945 kg
Veränderung: −8,7%

Wachstumsfaktor: ______

______

______

5 Mit Promille rechnen ☹ 😐 ☺

Schreibe in Promille.

0,025 = ______

Schreibe in Promille.

$\frac{7}{100}$ = ______

Berechne den Promillewert W.
G = 65 000 €; p‰ = 1,5‰

______

6 Jahreszinsen, Zinssatz und Kapital berechnen ☹ 😐 ☺

Berechne die Jahreszinsen Z.
K = 15 000 €; p% = 2%

______

______

Berechne den Zinssatz p%.
K = 20 000 €; Z = 500 €

______

______

Berechne das Kapital K.
Z = 450 €; p% = 1,5%

______

______

7 Tageszinsen berechnen ☹ 😐 ☺

Berechne die Tageszinsen Z_t.
K = 2000 €; p% = 2%; t = 180 d

______

______

Berechne die Tageszinsen Z_t.
K = 15 000 €; p% = 3%; t = $\frac{1}{4}$ Jahr

______

______

Berechne die Tageszinsen Z_t.
K = 10 000 €; p% = 1,5%; t = 1 Monat

______

______

Proportionale Zuordnungen berechnen

1 3 Rollen Tapeten kosten 27,00 €. Wie viel Euro kosten 7 Rollen der gleichen Sorte?
Vervollständige für die proportionale Zuordnung die Tabelle.

	Anzahl	Preis	
: 3	3 Rollen	27,00 €	: 3
· 7	1 Rolle		___
	7 Rollen		

Proportionale Zuordnung berechnen

(1) Zuordnung in eine Tabelle eintragen
(2) Berechnen, evtl. Zwischenschritt über die „1"
(3) Antwort notieren

8 Pralinen wiegen 120 g.
Wie viel g wiegen 13 Pralinen?

	Anzahl	Gewicht	
: 8	8	120 g	: 8
· 13	1	15 g	· 13
	13	195 g	

Dreisatz
8 Pralinen wiegen 120 g.
1 Praline wiegt 15 g.
13 Pralinen wiegen 195 g.

13 Pralinen wiegen 195 g.

2 Vervollständige die Tabelle für die proportionale Zuordnung.

a)

	Anzahl	Preis
: 5	5	12,50 €
___	1	
	13	

b)

	Gewicht	Preis	
___	9 kg	36,00 €	___
	3 kg		
	30 kg		

c)

Zeit	Füllmenge
10 min	750 l
35 min	

3 Berechne die proportionale Zuordnung mit dem Dreisatz.

a) Aus einem Wasserhahn fließen in 15 min 650 l Wasser. Wie viel Wasser fließt in 24 min?

in 15 min fließen 650 l
in ___ min fließen ___
in ___ min fließen ___

b) Für 8 m² Wand werden 400 Fliesen benötigt. Wie viele Fliesen werden für 11 m² benötigt?

für 8 m² ___
für ___
für ___

c) Aus 21 m Stoff können 5 Kleider genäht werden. Wie viel m Stoff benötigt man für 12 Kleider?

___
___
___

4 ☆ Bestimme die fehlende Größe der proportionalen Zuordnung.

a)

Gewicht	Preis in €	Quotient Preis : Gewicht
5 kg	35	$\frac{35\,€}{5\,kg}$ = 7 €/kg
3 kg		7 €/kg
	77	7 €/kg

b)

Zeit in min	Volumen in l	Quotient Volumen : Zeit
3		80 l/min
5		
	600	

proportional
Zum Doppelten gehört das Doppelte,
zur Hälfte gehört die Hälfte.

Zwischenschritt nicht immer über die „1"

☑ zu 1 bis 3
32,5; 50,4; 63; 120; 550; 1040; 2625

Proportionale Zuordnungen sind **quotientengleich.**

2.1 Vervollständige die Tabelle für die proportionale Zuordnung.

a)

Anzahl	Preis
7	10,50 €
1	
10	

b)

Gewicht	Preis
3 kg	7,20 €
1 kg	
7 kg	

c)

Zeit	Füllmenge
15 min	900 l
min	
40 min	

3.1 a) Berechne die proportionale Zuordnung mit dem Dreisatz.
Für 12 m² Fußboden werden 300 Fliesen benötigt. Wie viele Fliesen benötigt man für 17 m²?
b) Eine Fläche von 12 m² wird mit 1,5 l Farbe gestrichen. Wie viel Liter benötigt man für 20 m²?

4.1 ☆ Bestimme die fehlenden Größen.

a)

Gewicht	Preis	Quotient
	8,40 €	1,20 €/kg
11 kg		1,20 €/kg
	7,20 €	1,20 €/kg
0,5 kg		1,20 €/kg

b)

Fläche	Preis	Quotient
3 m²		24 €/m²
7 m²		24 €/m²
	120 €	24 €/m²
$2\frac{1}{2}$ m²		24 €/m²

5 Diese Zuordnungen sind nicht proportional. Begründe.
a) *gefahrene Strecke in km → Taxirechnung in €*
b) *Anzahl von Buchstaben → Gebühr für die SMS in €*
c) *Gesprächsdauer in Sekunden → Telefonkosten in €*

Antiproportionale Zuordnungen berechnen

1 Für 10 Pferde reicht das Heu 27 Wochen. Wie viele Wochen reicht das Heu für 9 Pferde? Vervollständige dazu die Tabelle für die antiproportionale Zuordnung.

	Pferde	Wochen	
:10	10	27	___
___	1		___
	9		

Antiproportionale Zuordnung berechnen

Ein Karton enthält 48 Packungen mit je 5 Schoko-Riegeln. Wie viele Packungen mit je 3 Riegeln können gepackt werden?

(1) Zuordnung in eine Tabelle eintragen

(2) Berechnen, evtl. Zwischenschritt über die „1"

	Riegel	Packungen	
:5	5	48	·5
·3	1	240	:3
	3	80	

Dreisatz
Je 5 Riegel ergeben 48 Packungen.
Je 1 Riegel ergibt 240 Packungen.
Je 3 Riegel ergeben 80 Packungen.

(3) Antwort notieren — Man erhält 80 Packungen mit je 3 Riegeln.

2 Vervollständige die Tabelle für die antiproportionale Zuordnung.

a) In der Aula stehen 12 Reihen mit 20 Stühlen. Sie sollen in 16 Reihen umgestellt werden.

	Reihen	Stühle	
___	12	20	___
___	2		___
	16		

b) Für einen Transport werden 5 Lkws 12 Tage eingesetzt. Wie viele Tage brauchen 6 Lkws?

	Lkws	Tage	
	5	12	___
	1		___
	6		

antiproportional
Zum Doppelten gehört die Hälfte,

zur Hälfte gehört das Doppelte.

3 Berechne die antiproportionale Zuordnung mit dem Dreisatz.

a) Ein Lottogewinn wird auf 6 Personen verteilt, jede erhält 105 000 €. Wie viel Euro erhält jede bei einer Verteilung auf 7 Personen?

6 Personen je 105 000 € ______

b) Eine Busfahrt kostet bei 24 Schülern für jeden 28 €. Es fahren nur 21 Schüler mit. Wie viel Euro muss jeder bezahlen?

24 Schüler je ______

c) Zum Sandtransport sind beim Einsatz von 8 Lkws für jeden Lkw 15 Fahrten vorgesehen. Wie oft müssten 10 Lkws fahren?

8 Lkws, jeder ______

zu 1, 2 und 3
10; 12; 15; 30; 32; 90 000

4 ☆ Bestimme die fehlenden Größen der antiproportionalen Zuordnung.
Ein Schwimmbad wird in 4 h mit jeweils 60 m³/h gefüllt. Wie lange dauert es, wenn 80 m³/h einfließen? Wie viel m³/h müssen einfließen, wenn es 15 h dauert?

Zeit	Leistung	Produkt
4 h	60 m³/h	
	80 m³/h	240 m³
15 h		240 m³

Antiproportionale Zuordnungen sind **produktgleich.**

2.1 Vervollständige die Tabelle für die antiproportionale Zuordnung.

a)

Reihen	Stühle
15	12
30	
10	

b)

Lkws	Tage
6	10
1	
5	

c)

Pers.	Gewinn (€)
8	24 000
6	

3.1 Bei einer täglichen Ausgabe von 16 € reicht das Urlaubsgeld 15 Tage. Wie viele Tage reicht das Geld, wenn täglich nur 12 € ausgegeben werden?

4.1 ☆ Bestimme die fehlenden Größen.

a)

Zeit	Leistung	Produkt
6 h		300 l
10 h		
	12 l/h	

b)

Länge	Breite	Produkt
	33 cm	660 cm²
15 cm		
	55 cm	

5 Diese Zuordnungen sind nicht antiproportional. Begründe.
a) *Anzahl von Arbeitern → Zeit für das Aufstellen eines Gerüstes*
b) *Zeit für das Essen von 20 Schokoküssen → Anzahl Kinder*
c) *Brenndauer einer Kerze → Länge einer Kerze*

Zuordnungen darstellen

1 Welches Schaubild stellt eine proportionale Zuordnung dar, welches eine antiproportionale?

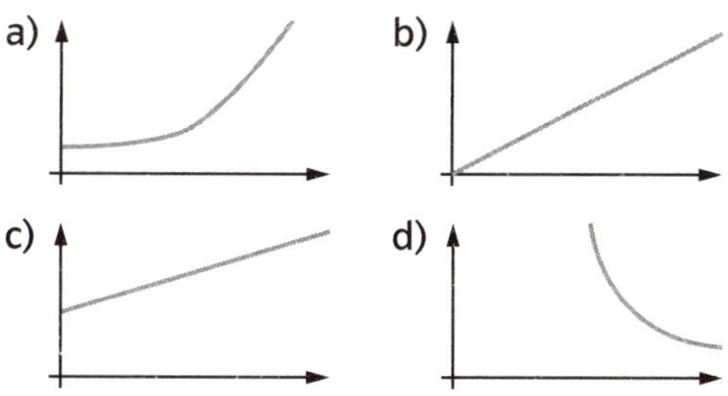

proportional: ________

antiproportional: ________

Das Schaubild einer **proportionalen** Zuordnung ist eine **Halbgerade** durch den Nullpunkt (0 | 0).

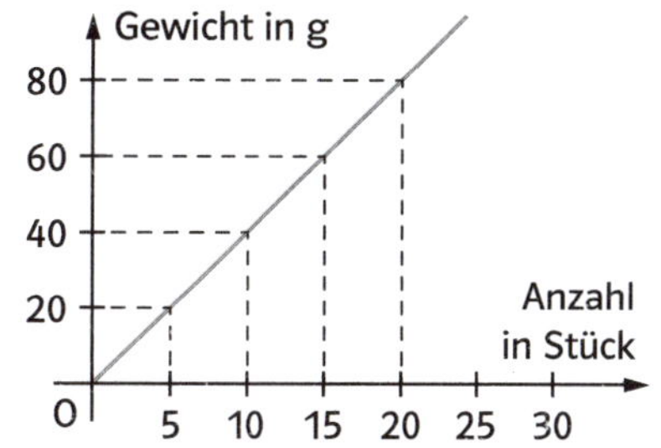

Das Schaubild einer **antiproportionalen** Zuordnung ist eine **Hyperbel.**

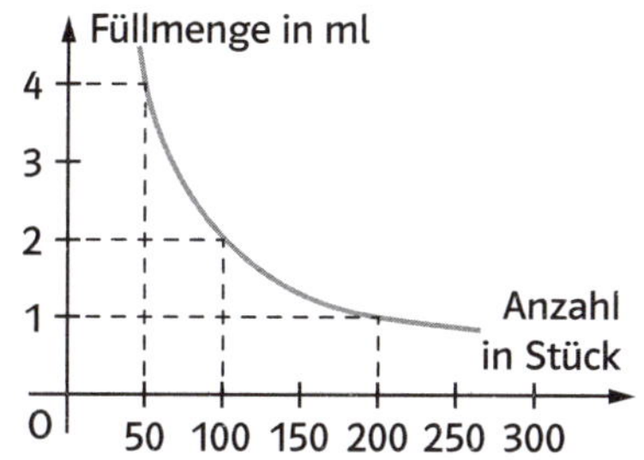

2 Fülle für die Zuordnung die Tabelle aus und zeichne das Schaubild.

a) Proportionale Zuordnung:
Anzahl Blätter → Gewicht

Anzahl Blätter	16	8	10	20	5
Gewicht in g	80				

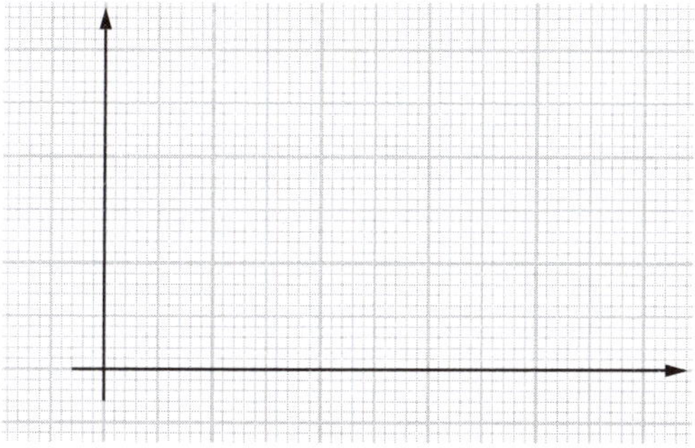

b) Antiproportionale Zuordnung:
Anzahl Gläser → Füllmenge

Anzahl Gläser	100	50	250	200	125
Füllmenge in l	0,5				

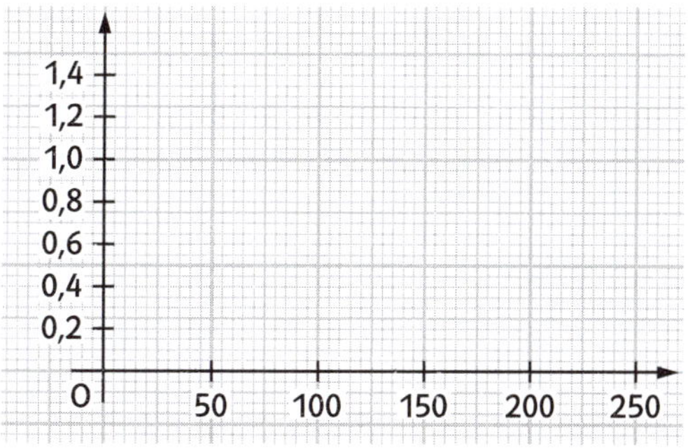

3 Saskia hat einen festen Geldbetrag für ihren Urlaub. Bei 18 Tagen stehen ihr pro Tag 50 € zur Verfügung. Fülle die Tabelle aus und zeichne das Schaubild.

Anzahl Tage	18	9	15		
€ pro Tag	50			30	90

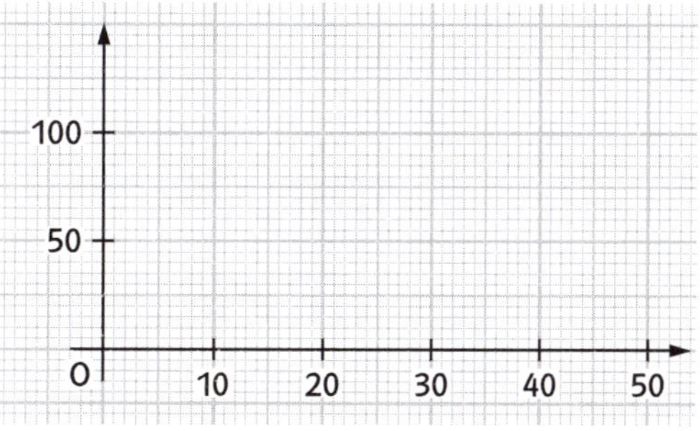

Schaubild zeichnen
(1) Koordinatensystem mit x- und y-Achse zeichnen, Größenbezeichnungen eintragen
(2) Wertepaare eintragen und verbinden

Nullpunkt (0 | 0) oder **Ursprung**

zu 3
Berechne weitere Werte, um die Zuordnung im Schaubild darstellen zu können.

2.1 Löse mit einer Tabelle und zeichne das Schaubild.
a) Proportionale Zuordnung: *Länge → Gewicht*
Ein 200 cm langes Kabel wiegt 480 g. Wie viel g wiegen Kabel, die 150 cm (250 cm; 75 cm; 60 cm) lang sind?
b) Antiproportionale Zuordnung: *Anzahl → Länge*
Auf eine Fähre passen hintereinander 15 Pkws mit einer Länge von 4,80 m. Wie viele Pkws mit einer Länge von 4,00 m (von 3,60 m; von 6,00 m) passen hintereinander?

3.1 Eine Leiste kann man in 15 Stücke zu je 80 mm zersägen. Wie lang werden die einzelnen Stücke, wenn man die Leiste in 12 (in 10; in 20; in 25) gleich lange Stücke teilt?

3.2 Ein Landwirt erntet von einem 80 a großen Acker 2,4 t Weizen. Mit welcher Ernte kann er unter gleichen Bedingungen bei einem 60 a (100 a) großen Acker rechnen? Wie groß muss der Acker sein, um 1,5 t Weizen zu ernten?

Zusammengesetzte Größen berechnen

1 Ordne der zusammengesetzten Größe die passende Einheit zu. Es passen manchmal mehrere Einheiten.

Literpreis | Dichte | Geschwindigkeit | Stundenlohn

€/l | kg/dm^3 | g/cm^3 | km/h | €/h | m/s | €/km

Zusammengesetzte Größen berechnen

(1) Zuerst die **Einheit** berechnen

(2) Andere Größen über proportionale Zuordnung berechnen

5 kg Kirschen kosten 14 €.
a) Berechne den Preis für 1 kg (Kilogrammpreis).
b) Berechne mit diesem Einheitspreis den Preis für 3 kg und für $\frac{1}{2}$ kg.

	Gewicht	Preis	
: 5	5 kg	14,00 €	: 5
· 3	1 kg	2,80 €	· 3
	3 kg	8,40 €	
$\cdot\frac{1}{2}$	$\frac{1}{2}$ kg	1,40 €	$\cdot\frac{1}{2}$

2 a) 6 kg Bananen kosten 4,20 €. Berechne den **Kilogrammpreis.**

b) Berechne den Preis für 7 kg und für $4\frac{1}{2}$ kg.

Gewicht	Preis
6 kg	4,20 €
7 kg	

3 a) Ein Kfz-Mechaniker erhält für 3 Stunden 57 € Lohn. Berechne den **Stundenlohn.**

b) Wie viel Lohn bekommt er für 5 h und $6\frac{1}{2}$ h?

Zeit	Lohn
3 h	57 €
1 h	

Zusammengesetzte Größen

Einheitspreis
$\frac{\text{Preis}}{\text{Gewicht}}$ 360 €/kg

Stundenlohn
$\frac{\text{Lohn}}{\text{Arbeitszeit}}$ 17,00 €/h

Geschwindigkeit
$\frac{\text{Länge}}{\text{Zeit}}$ 50 km/h

Dichte
$\frac{\text{Masse}}{\text{Volumen}}$ 2,5 g/cm^3

4 a) Der ICE legt 320 km in 2 Stunden zurück. Berechne die **Geschwindigkeit.**

b) Welche Strecke fährt der Zug bei gleicher Geschwindigkeit in 3 h; in $1\frac{1}{4}$ h?

Weg	Zeit
320 km	2 h
	1 h

5 a) 5 cm^3 Gold wiegen 96,5 g. Berechne die **Dichte** (Gewicht für 1 cm^3).

b) Wie viel g wiegen 12 cm^3; 2,3 cm^3 Gold?

Masse	Volumen
96,5 g	5 cm^3
	1 h

Dichte eines Körpers ist das Verhältnis seiner Masse zu seinem Volumen, z. B. g/cm^3 oder kg/l

Holz	0,5
Benzin	0,7
Wasser	1,0
Glas	2,5
Kupfer	8,9
Blei	11,3
Gold	19,3

1 l = 1 dm^3

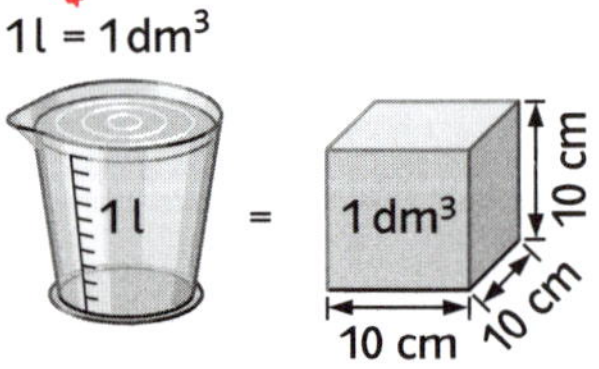

6 Ein Geschäftsreisender erhält eine Kilometerpauschale von 0,30 €. Berechne die Vergütung für verschiedene Strecken.

Strecke in km	1	37	144	356
Vergütung in €	0,30			

7 Berechne das Gewicht mithilfe der Dichte.

a) Goldbarren von 250 cm^3. ____________

b) Kantholz von 1,2 m^3. ____________

c) Benzin im 80-l-Tank. ____________

2.1 a) 3 kg Tomaten kosten 3,45 €. Berechne den Kilogrammpreis.
b) Berechne den Preis für 2,5 kg (für 1,7 kg; für 0,750 kg).

3.1 a) Ein Fliesenleger erhält für 8 Stunden 144 € Lohn. Berechne den Stundenlohn.
b) Wie viel Lohn erhält er für 5 h (für 37 h; für $3\frac{1}{2}$ h)?

4.1 a) Der IC legt 540 km in 3 Stunden zurück. Berechne die Geschwindigkeit.
b) Welche Strecke legt der Zug bei gleicher Geschwindigkeit in $2\frac{1}{2}$ h (in 4 h; in 7 h) zurück?

5.1 73,2 cm^3 eines Stoffes wiegen 183 g. Berechne die Dichte des Stoffes. Um welchen Stoff könnte es sich handeln? Wie viel Gramm wiegen 45 cm^3 (17,2 cm^3; $12\frac{1}{2}$ cm^3)?

7.1 Berechne das Gewicht mithilfe der Dichte.
a) Glasscheibe von 48 000 cm^3
b) Holzbrett von 6000 cm^3

8 Erkläre die Bedeutung und den Einsatzbereich von weiteren „zusammengesetzten Größen". Gib dazu Beispiele.
a) kW/h b) m^3/h c) Einwohner/km^2 d) €/m^2

1 Proportionale Zuordnung berechnen ☹ 😐 ☺

Vervollständige die Tabelle.

	Anzahl	Preis	
: 7	7	10,50 €	___
· 3	1		___
	3		

Vervollständige die Tabelle.

	Anzahl	Preis	
___	9	14,40 €	___
___			___
	12		

Vervollständige die Tabelle.

	Gewicht	Preis	
___	4 kg	7,40 €	___
___			___
	2,4 kg		

2 Antiproportionale Zuordnung berechnen ☹ 😐 ☺

Vervollständige die Tabelle.

	Anzahl	Länge	
___	20	15 cm	___
___	4		___
	12		

Vervollständige die Tabelle.

	Länge	Breite
___	25 cm	40 cm
___		
	15 cm	

Vervollständige die Tabelle.

Anzahl	Gewicht	Produkt
	125 g	2000 g
24		
	100 g	

3 Zuordnung berechnen ☹ 😐 ☺

Gewicht eines Körpers. Vervollständige die Tabelle für die proportionale Zuordnung.

Volumen in cm^3	12	4	8	
Gewicht in g	96			8

Wasser wird abgepumpt. Vervollständige die Tabelle für die antiproportionale Zuordnung.

Anzahl Pumpen	4	8	10	
Zeit in min	40			32

Eine Torte wird zerschnitten. Vervollständige die Tabelle für die Zuordnung *Anzahl* → *Winkelgröße*.

Anzahl in Stück	4		12	10
Winkel in Grad	90	45		

4 Zuordnung darstellen ☹ 😐 ☺

Erstelle zu Aufgabe 3 das Schaubild.

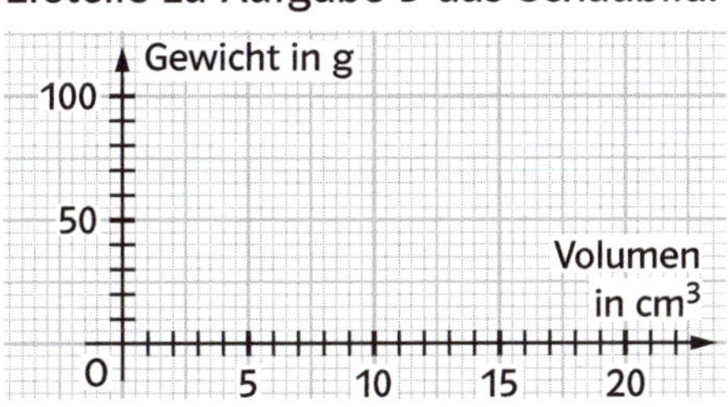

Erstelle zu Aufgabe 3 das Schaubild.

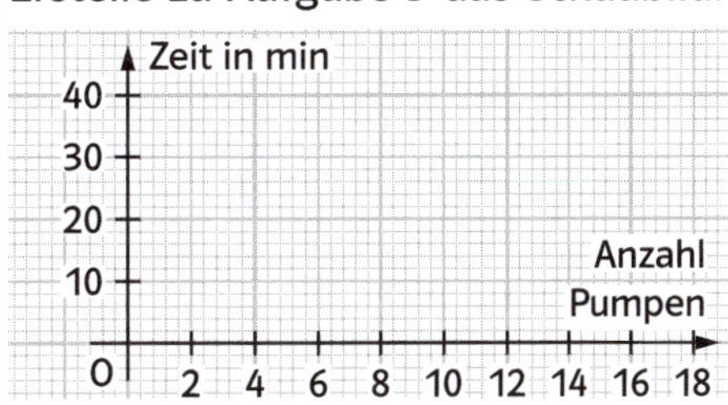

Erstelle zu Aufgabe 3 das Schaubild.

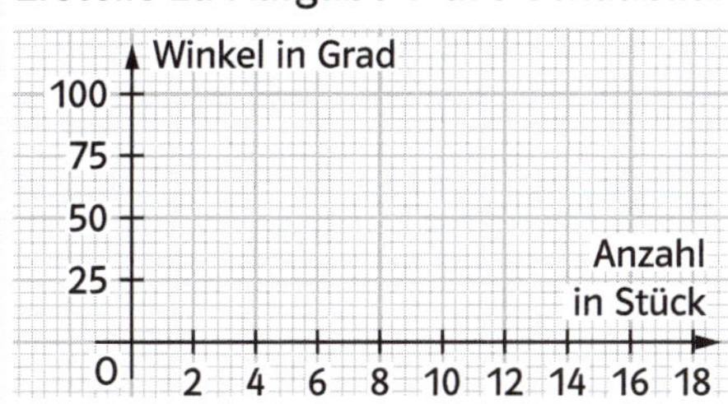

5 Sachaufgabe mit proportionaler Zuordnung berechnen ☹ 😐 ☺

a) 3 kg Äpfel kosten 3,75 €. Bestimme den kg-Preis.

b) Wie viel Euro kosten 5 kg Äpfel der gleichen Sorte?

a) Ein Zeppelin legt in 4 Stunden 480 km zurück. Bestimme die Geschwindigkeit.

b) Wie viel km legt er in $2\frac{1}{2}$ h zurück?

a) Ein Alu-Blech wiegt 129,6 g und hat ein Volumen von 48 cm^2. Bestimme die Dichte.

b) Wie viel wiegt ein Alu-Blech mit den Maßen 200 cm × 30 cm × 0,1 cm?

6 Sachaufgabe mit einer antiproportionalen Zuordnung berechnen ☹ 😐 ☺

Bei einer täglichen Ausgabe von 25 € reicht das Urlaubsgeld 6 Tage. Wie viele Tage reicht das Geld, wenn täglich 30 € ausgegeben werden?

Zum Schneeräumen brauchen 18 Arbeiter 8 h. Wie viele Arbeiter braucht man, um die Arbeit in 6 h zu schaffen?

4 Maschinen produzieren in 8 h 2400 Werkstücke. Wie viele Stücke produzieren 5 Maschinen in 10 h?

Winkel zeichnen und messen

1 a) Zeichne die Winkel. $\alpha = 72°$; $\beta = 145°$; $\gamma = 220°$; $\delta = 90°$; $\varepsilon = 112°$

Winkel zeichnen $\alpha = 120°$

(1) Schenkel zeichnen (2) Geodreieck drehen (3) Schenkel zeichnen (4) Winkel und Scheitelpunkt S bezeichnen, Winkelgröße notieren

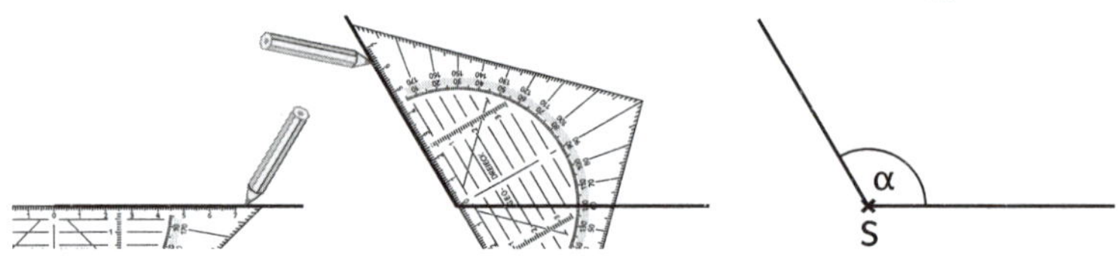

$\alpha = 120°$ (sprich: 120 Grad)

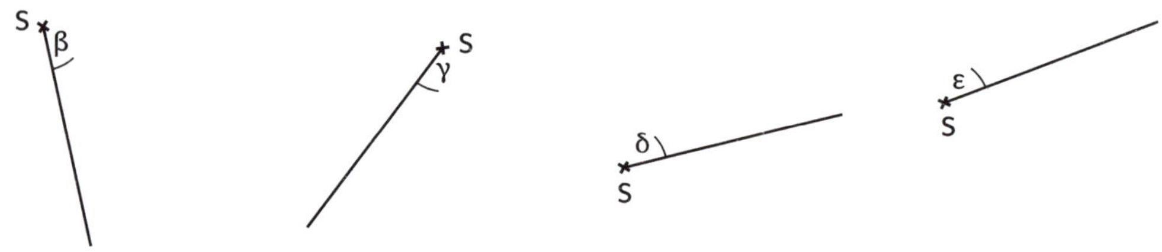

b) Ordne die Winkel passend zu.

rechter Winkel: ______; stumpfer Winkel: ______; überstumpfer Winkel: ______;
spitzer Winkel: ______

2 a) Miss die Winkel im Dreieck.

$\alpha =$ ______; $\beta =$ ______; $\gamma =$ ______

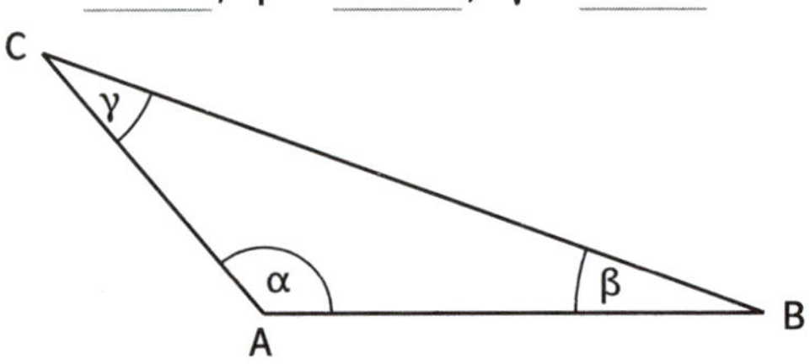

b) Berechne die Summe der drei Winkel.

______

3 a) Miss die Winkel im Viereck.

$\alpha =$ ______; $\beta =$ ______; $\gamma =$ ______; $\delta =$ ______

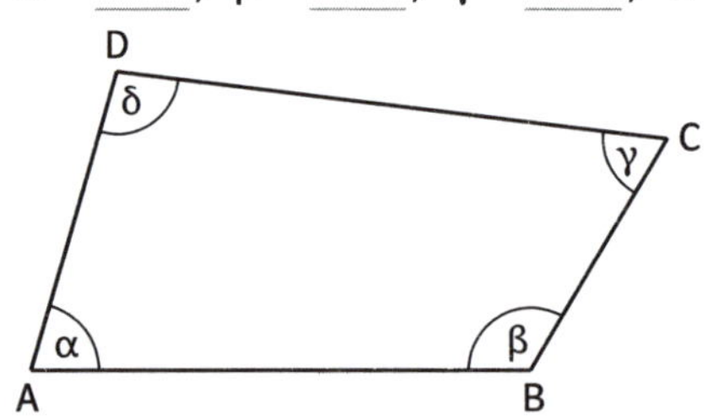

b) Berechne die Summe der vier Winkel.

______

Winkelarten

spitzer Winkel

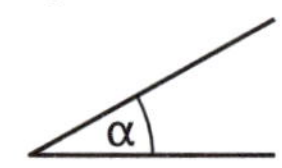

$0° < \alpha < 90°$

rechter Winkel

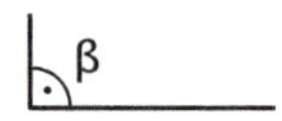

$\beta = 90°$

stumpfer Winkel

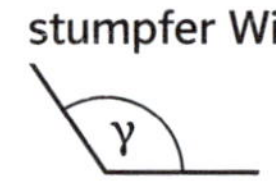

$90° < \gamma < 180°$

gestreckter Winkel

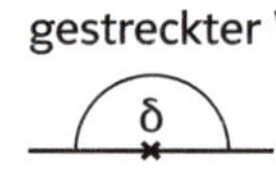

$\delta = 180°$

überstumpfer Winkel

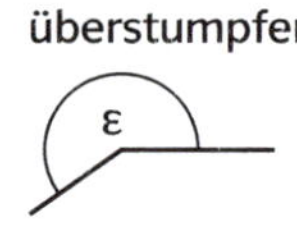

$180° < \varepsilon < 360°$

Vollwinkel

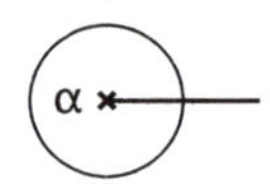

$\alpha = 360°$

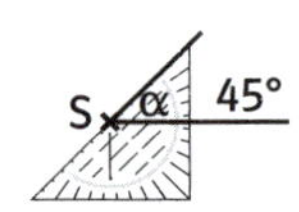

Winkel messen

(1) Geodreieck anlegen
(2) Geodreieck drehen
(3) Winkelgröße ablesen

zu 2 und 3
20°; 30°; 67°; 74°; 99°; 120°; 130°; 180°; 360°

1.1 Zeichne Winkel folgender Größe:
a) $\beta = 83°$ b) $\gamma = 152°$ c) $\gamma = 305°$

1.2 a) Miss die Winkel α und β (Figur 1).
b) Notiere die Winkelart.

2.1 a) Miss die Winkel im Dreieck (Figur 2).
b) Berechne die Summe der Winkel.

3.1 a) Miss die Winkel im Viereck (Figur 3).
b) Berechne die Summe der Winkel.

4 Kann ein Dreieck zwei rechte Winkel haben? Begründe.

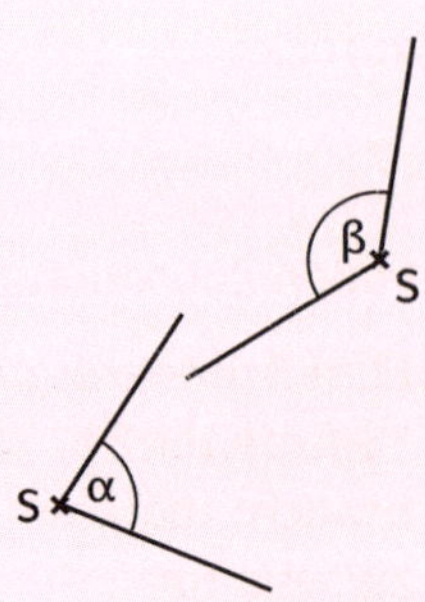

Figur 1

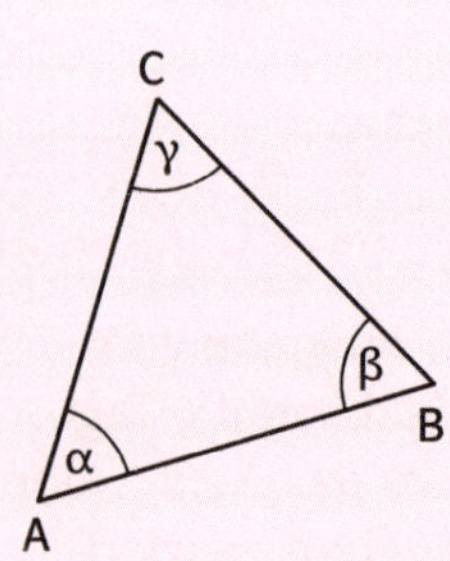

Figur 2

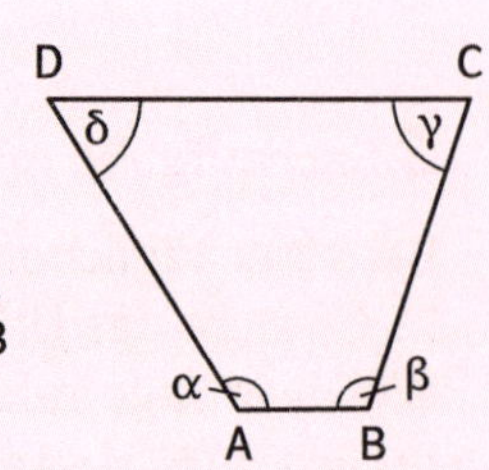

Figur 3

Formen und Eigenschaften von Vierecken

1 Welche Vierecke sind Parallelogramme? Färbe sie.

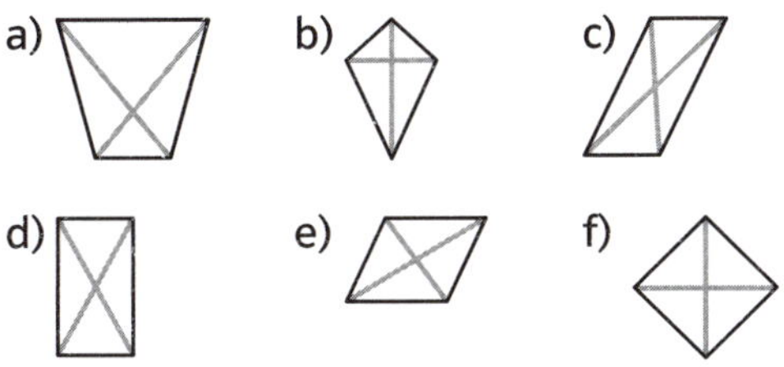

Parallelogramm

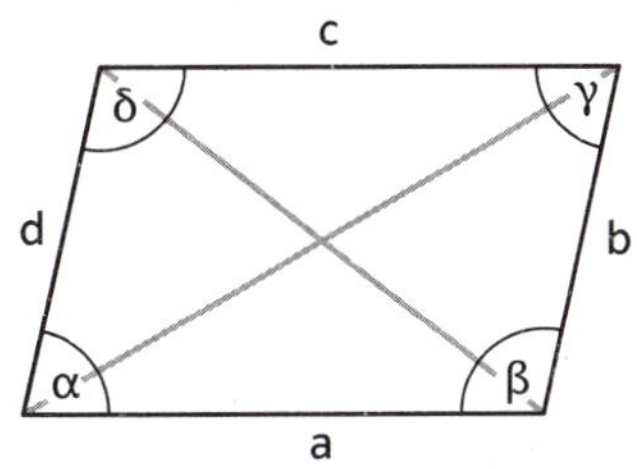

Eigenschaften
Gegenüberliegende Seiten
- sind parallel. $a \parallel c;\ b \parallel d$
- sind gleich lang. $a = c;\ b = d$

Gegenüberliegende Winkel sind gleich groß. $\alpha = \gamma;\ \beta = \delta$

Die Diagonalen halbieren sich.

2 Vervollständige zu einem Parallelogramm. Färbe parallele Seiten gleichfarbig.

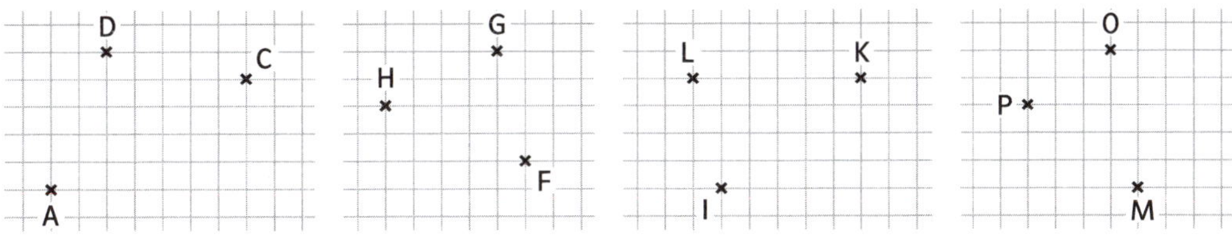

3 a) Zeichne die Diagonalen ein.

b) Notiere, ob folgende Eigenschaften erfüllt werden.
Diagonalen gleich lang: $d_1 = d_2$; Diagonalen senkrecht zueinander: $d_1 \perp d_2$

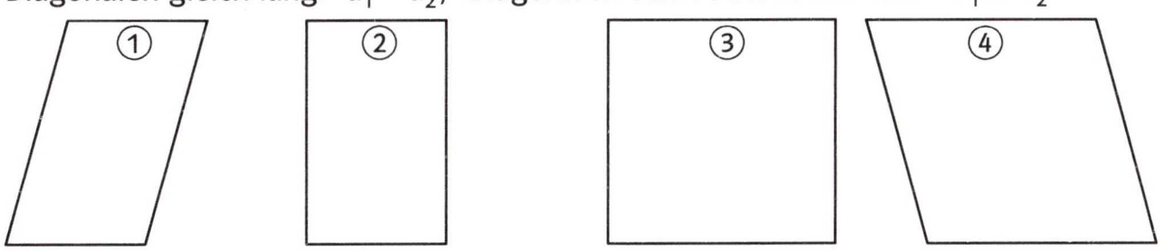

4 a) Zeichne die Diagonalen ein.

b) Färbe parallele Seiten grün.

c) Zeichne Symmetrieachsen als gestrichelte Linien.

d) Färbe gleichschenklige Trapeze rot.

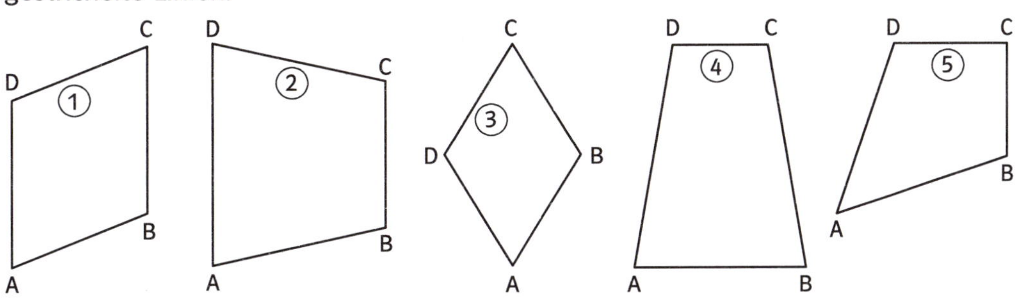

Rechteck

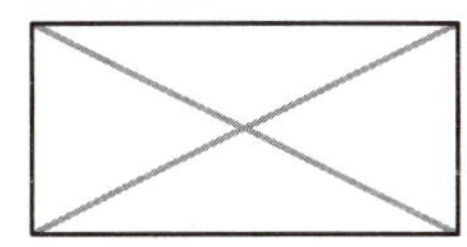

Quadrat

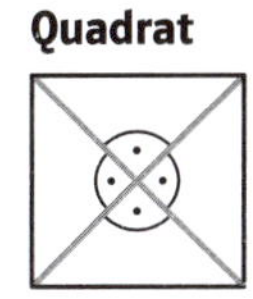

Rechtecke und Quadrate sind besondere Parallelogramme.

Trapez

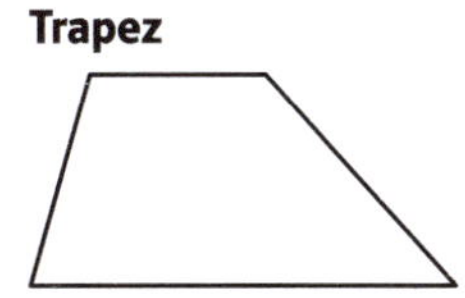

Eigenschaft
Zwei Seiten sind zueinander parallel.

gleichschenkliges Trapez

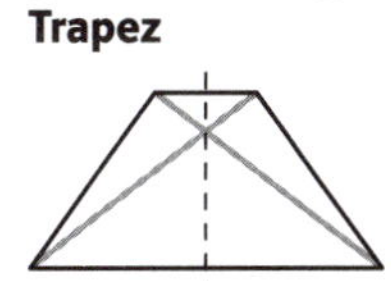

Eigenschaften
Zwei Seiten sind zueinander parallel. Die Figur ist achsensymmetrisch. Die Diagonalen sind gleich lang.

2.1 Übertrage die Punkte (Figur 1 und Figur 2) ins Heft.
a) Vervollständige zu einem Quadrat.
b) Vervollständige zu einem Rechteck.
c) Vervollständige zu einem Parallelogramm.
d) Vervollständige zu einem gleichschenkligen Trapez.

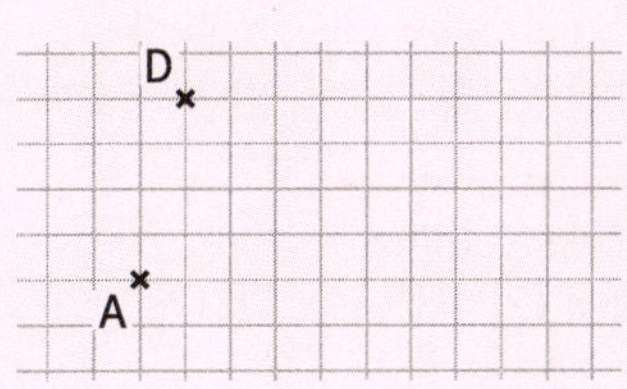

Figur 1

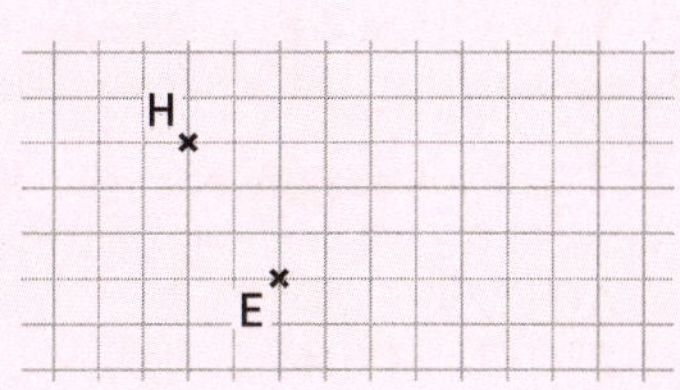

Figur 2

5 Überprüfe die Aussagen:
a) Ein Quadrat erfüllt die Eigenschaften eines Rechtecks.
b) Ein Rechteck ist auch ein Parallelogramm.
c) Ein Parallelogramm ist auch ein Quadrat.

Formen und Eigenschaften von Dreiecken

1 a) Färbe gleich lange Seiten eines Dreiecks rot.

b) Welche Dreiecke sind gleichschenklig, welche gleichseitig?

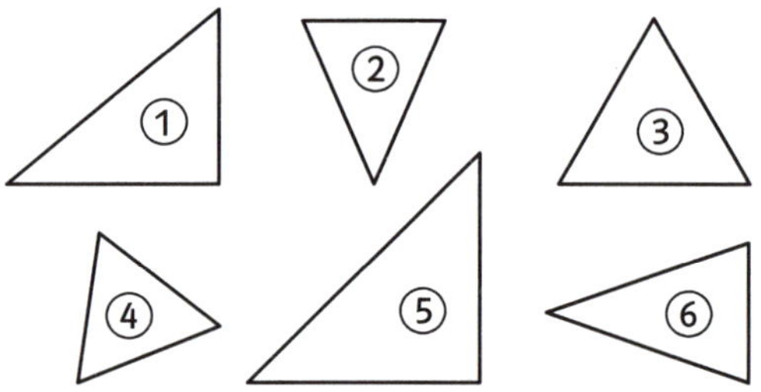

gleichschenklige Dreiecke: ____________

gleichseitige Dreiecke: ____________

c) Zeichne in die Dreiecke Symmetrieachsen als gestrichelte Linien ein.

Gleichseitiges Dreieck

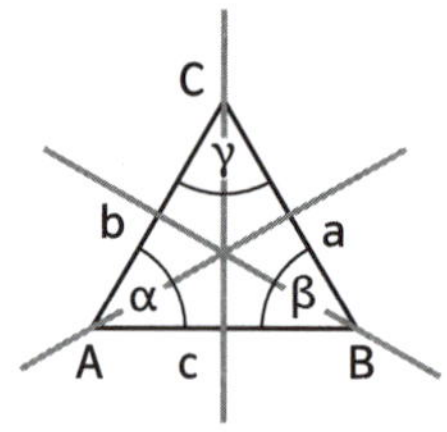

Eigenschaften
- Alle Seiten sind gleich lang. a = b = c
- Alle Winkel sind gleich groß. α = β = γ
- Es gibt 3 Symmetrieachsen.

2 Kreuze an, wenn die Eigenschaft des Dreiecks erfüllt wird.

Das Dreieck hat …	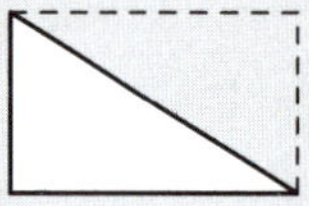	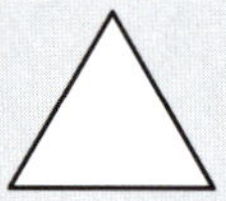	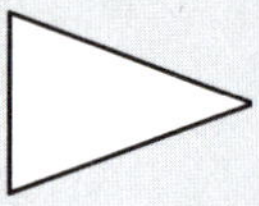	
a) einen rechten Winkel.	×			
b) mindestens 2 gleich lange Seiten.				
c) alle Seiten gleich lang.				
d) mindestens 2 gleich große Winkel.				
e) alle Winkel gleich groß.				
f) mindestens eine Symmetrieachse.				
g) drei Symmetrieachsen.				

3 Miss die Winkel des Dreiecks. Berechne die Winkelsumme.

a)

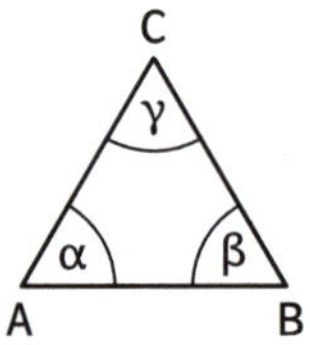

α = ______ ; β = ______ ;
γ = ______
α + β + γ = ______

b)

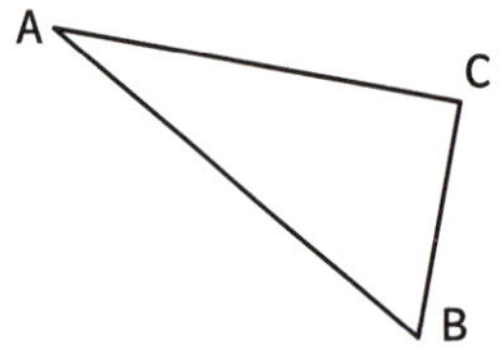

α = ______ ; β = ______ ;
γ = ______
α + β + γ = ______

c)

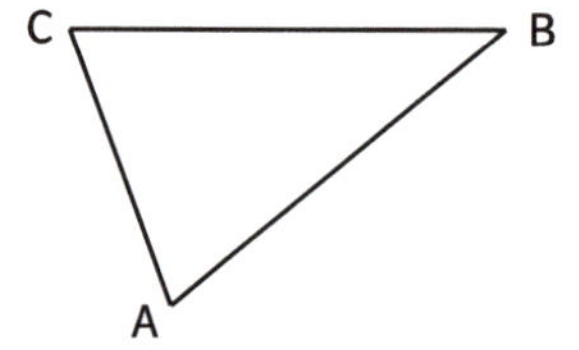

α = ______ ; β = ______ ;
γ = ______
α + β + γ = ______

Gleichschenkliges Dreieck

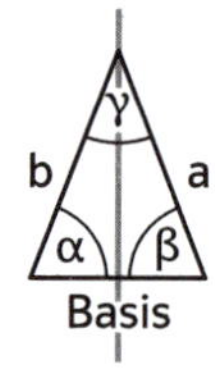

a = b
α = β
eine Symmetrieachse

Rechtwinkliges Dreieck

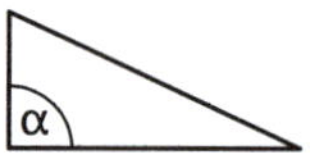

α = 90°

Spitzwinkliges Dreieck

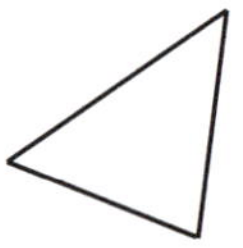

alle Winkel kleiner als 90°

Stumpfwinkliges Dreieck

ein Winkel größer als 90°

1.1 Übertrage die Dreiecke ins Heft. Färbe bei gleichschenkligen Dreiecken die Schenkel. Zeichne Symmetrieachsen ein.

3.1 Zeichne das Dreieck in ein Koordinatensystem. Miss die Winkel und berechne die Winkelsumme.
a) A(2|2) B(6|2) C(4|8)
b) A(7|2) B(10|4) C(7|7)
c) A(11|2) B(15|5) C(11|7)
d) A(10|9) B(12|13) C(6|11)

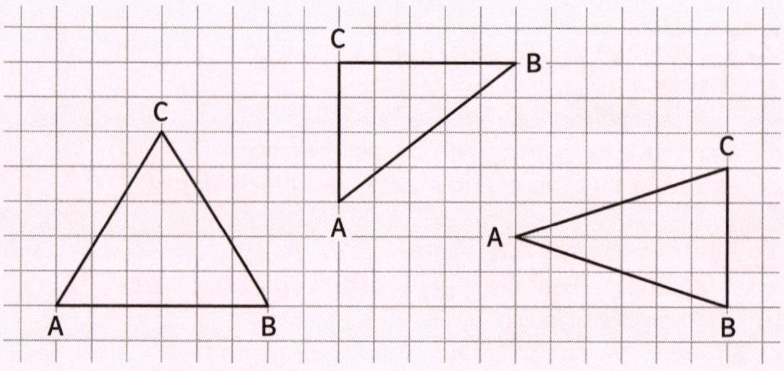

4 Überprüfe die Aussagen und erkläre.
a) Ein gleichseitiges Dreieck ist auch gleichschenklig.
b) Ein rechtwinkliges Dreieck ist auch gleichseitig.

Mittelsenkrechte und Umkreis konstruieren

1 Konstruiere die Mittelsenkrechten der Strecken $\overline{PQ}$ und $\overline{PR}$.

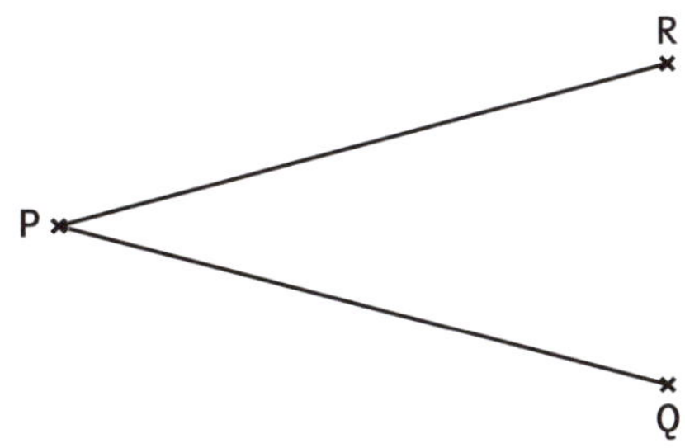

Mittelsenkrechte konstruieren

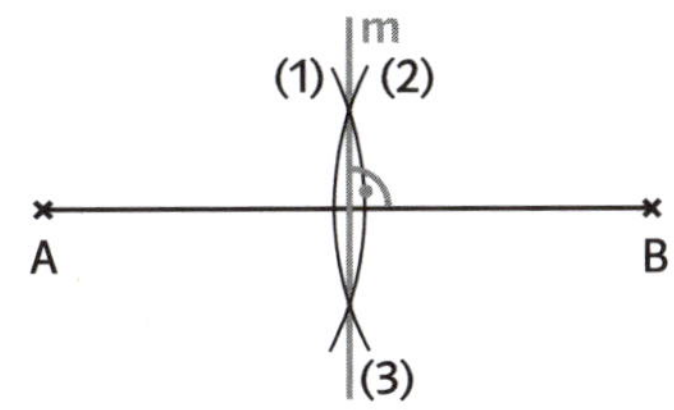

(1) Kreisbogen um A zeichnen
(2) Kreisbogen um B mit gleichem Radius
(3) Mittelsenkrechte m zeichnen, dazu die Schnittpunkte der Kreisbögen verbinden

Umkreis

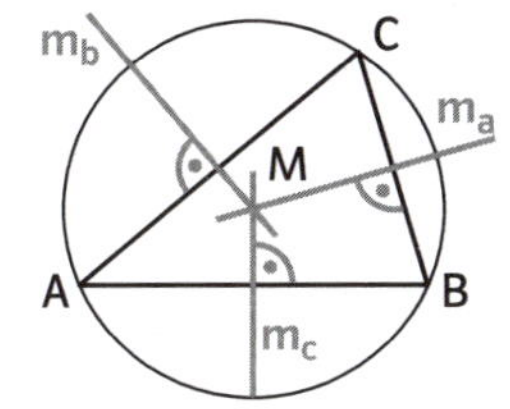

Der Schnittpunkt M der Mittelsenkrechten eines Dreiecks ist der Mittelpunkt des Umkreises.

2 Konstruiere die Mittelsenkrechte zu jeder Dreiecksseite und zeichne den Umkreis.

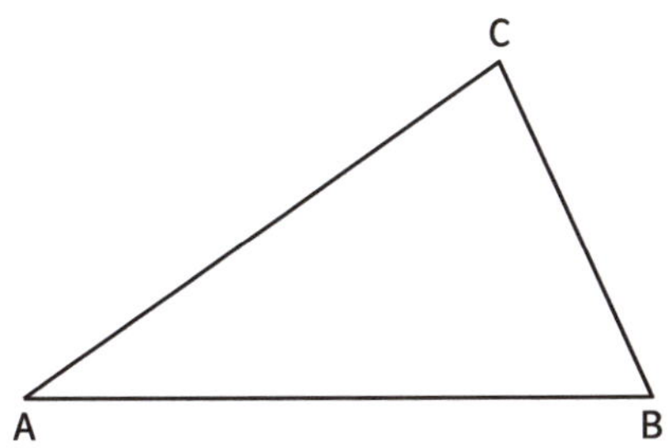

3 a) Halbiere die Strecke $\overline{AB}$.

b) Zeichne zwei Punkte S und T, die sowohl zum Punkt A als auch zum Punkt B den gleichen Abstand haben.

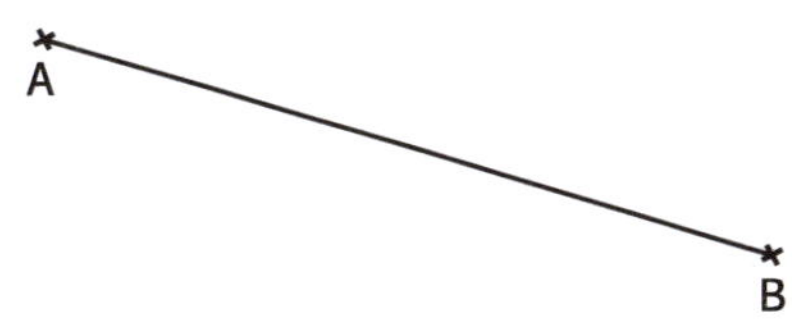

4 a) Konstruiere den Umkreis des Dreiecks.

b) Vollende den Satz: Das Dreieck hat einen ________________ Winkel, der Schnittpunkt der Mittelsenkrechten liegt ________________________________.

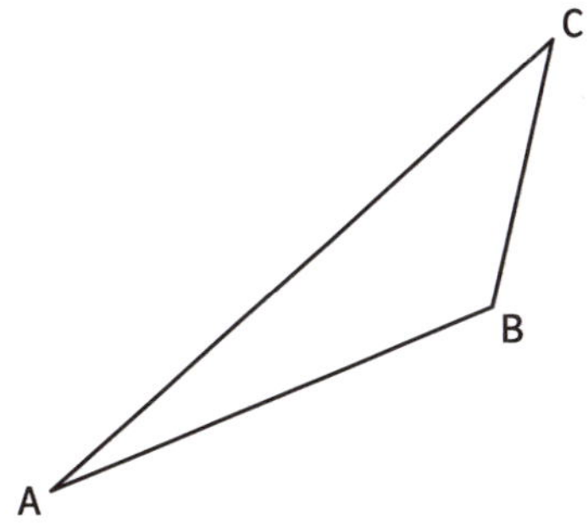

Mittelsenkrechte
Der Punkt S und der Punkt T haben jeweils zu A und B den gleichen Abstand.

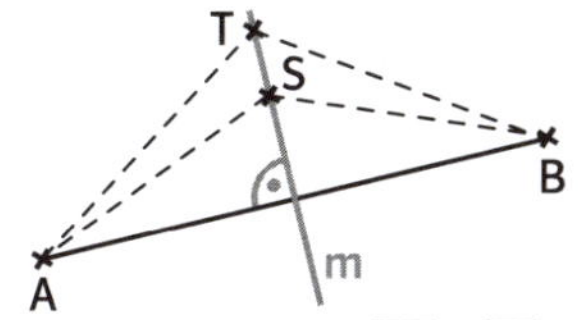

$\overline{SA} = \overline{SB}$
$\overline{TA} = \overline{TB}$

Umkreis
Der Umkreis ist ein Kreis, der durch alle Eckpunkte eines Vielecks geht.

i

konstruieren (Konstruktion)
Exakte zeichnerische Darstellung einer Figur mit Zirkel und Lineal (Geodreieck)

1.1 Zeichne die Strecke (Figur 1) in dein Heft und konstruiere die Mittelsenkrechte.

3.1 a) Zeichne die Strecke $\overline{EF} = 8{,}7\,cm$ und halbiere sie.
b) Zeichne zwei Punkte T und S, die sowohl zum Punkt E als auch zum Punkt F den gleichen Abstand haben.

4.1 a) Übertrage das Dreieck (Figur 2) in dein Heft und konstruiere die Mittelsenkrechte zu jeder Dreiecksseite.
b) Zeichne den Umkreis.

4.2 a) Zeichne das Dreieck (Figur 3) in dein Heft und konstruiere den Umkreis.
b) Notiere, wo der Schnittpunkt der Mittelsenkrechten liegt (wie in Aufgabe 4b).

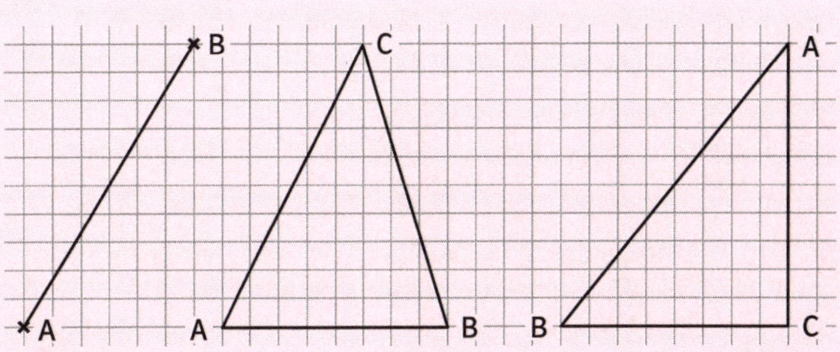

Figur 1 Figur 2 Figur 3

5 Überprüfe, ob bei einem rechtwinkligen Dreieck der Mittelpunkt M des Umkreises auf der Seitenmitte der längsten Dreiecksseite liegt.

Winkelhalbierende und Inkreis konstruieren

1 Konstruiere die Winkelhalbierende.

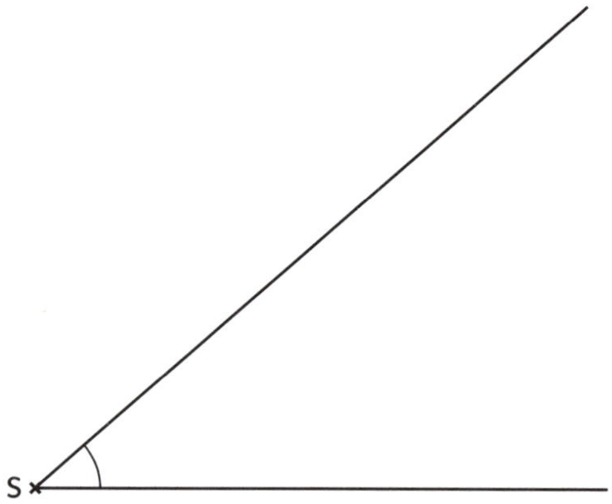

Winkelhalbierende konstruieren

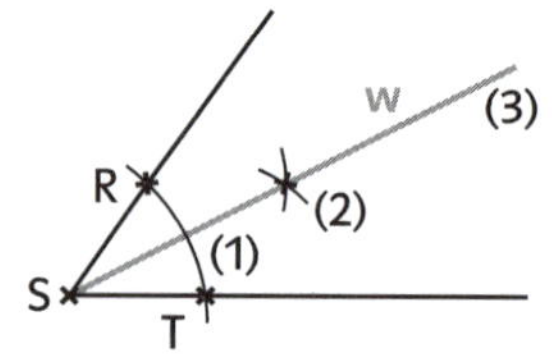

(1) Kreisbogen um S zeichnen
(2) Kreisbogen um R und um T mit dem gleichen Radius zeichnen
(3) Winkelhalbierende w zeichnen, dazu den Schnittpunkt der Kreisbögen mit S verbinden

Inkreis

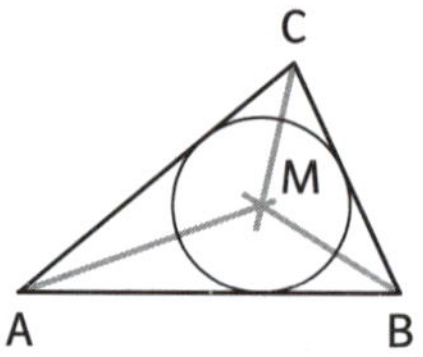

Der Schnittpunkt M der Winkelhalbierenden eines Dreiecks ist der Mittelpunkt des Inkreises.

2 Halbiere die Winkel.

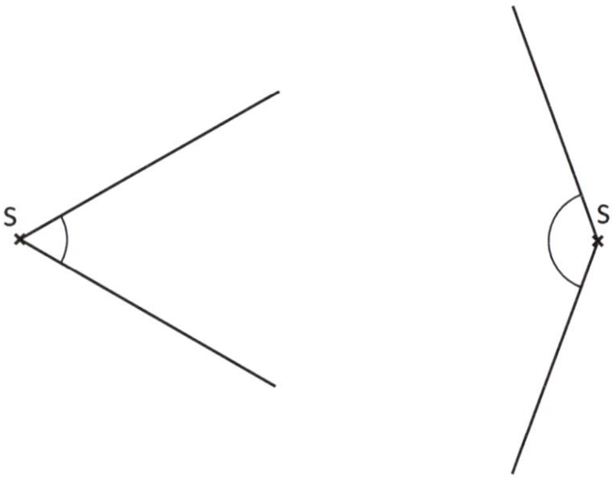

3 Konstruiere die Winkelhalbierende zu jedem Winkel und zeichne den Inkreis.

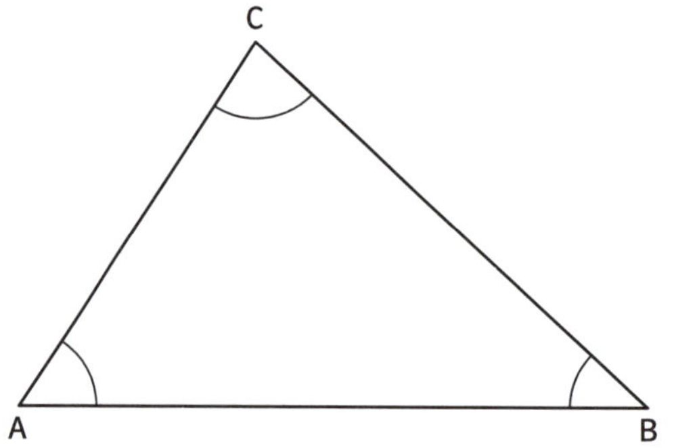

Winkelhalbierende
Winkel halbieren

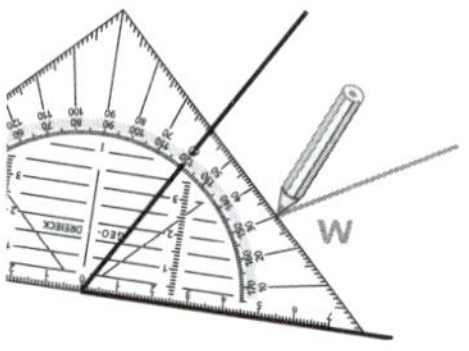

Inkreis
Der Inkreis eines Vielecks ist der Kreis, der alle Seiten des Vielecks innen berührt.

4 a) Konstruiere in der Raute und im Parallelogramm alle Winkelhalbierenden.

b) Zeichne den Inkreis, wenn möglich.

c) Vollende den Satz:

______________ hat einen Inkreis,

______________________ hat

keinen Inkreis.

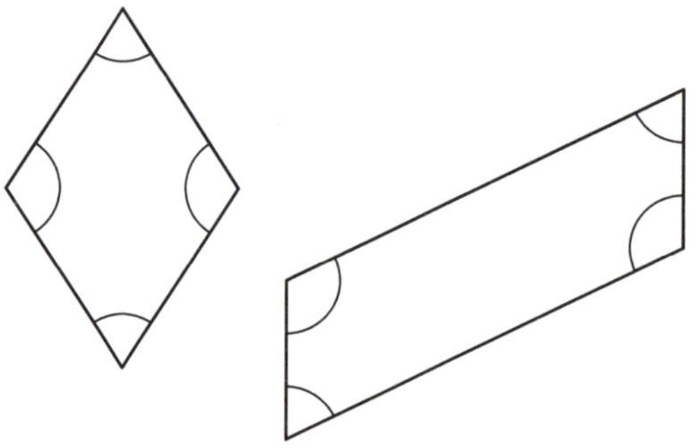

zu 4
Raute
Parallelogramm mit vier gleich langen Seiten

1.1 Zeichne den Winkel und konstruiere die Winkelhalbierende.
a) $\alpha = 74°$ b) $\alpha = 68°$ c) $\alpha = 90°$ d) $\alpha = 135°$
e) $\alpha = 180°$ f) $\alpha = 70°$ g) $\alpha = 197°$ h) $\alpha = 262°$

2.1 Zeichne den Winkel und halbiere ihn.
a) $\alpha = 36°$ b) $\alpha = 43°$ c) $\alpha = 157°$ d) $\alpha = 290°$
e) $\beta = 30°$ f) $\beta = 180°$ g) $\beta = 62°$ h) $\beta = 130°$

3.1 a) Übertrage das Dreieck (Figur 1) in dein Heft und konstruiere die Winkelhalbierende zu jedem Winkel.
b) Zeichne den Inkreis.

4.1 a) Übertrage Figur 2 und Figur 3 in dein Heft und konstruiere zu jedem Winkel die Winkelhalbierende.
b) Zeichne den Inkreis, wenn möglich.

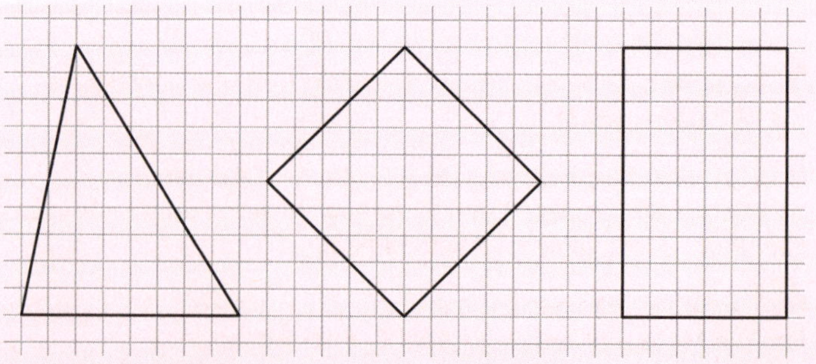

Figur 1 Figur 2 Figur 3

5 Überprüfe, ob sich die Winkelhalbierende in einem Dreieck mit der Mittelsenkrechten der gegenüberliegenden Seite immer auf dem Umkreis schneidet.

1 Eigenschaften von Vierecken erkennen

Welches Viereck ist ein Parallelogramm? Kreuze an.

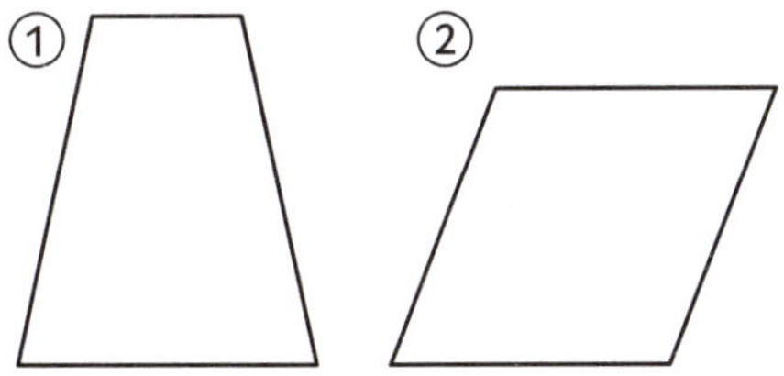

a) Kennzeichne gleich große Winkel und gleich lange Seiten jeweils mit gleicher Farbe.

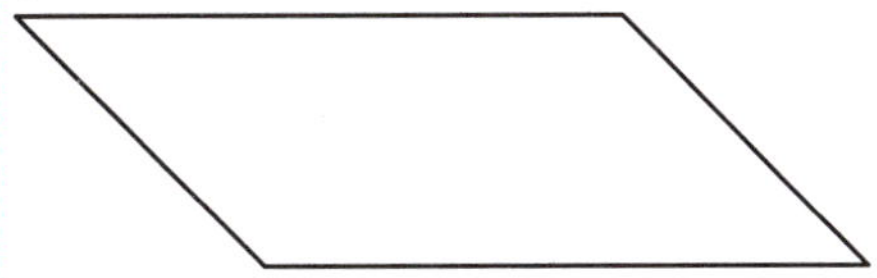

b) Benenne das Viereck.

____

Welche Eigenschaften gelten für ein Parallelogramm? Kreuze an.

- A Gegenüberliegende Seiten sind gleich lang.
- B Gegenüberliegende Seiten sind parallel.
- C Die Diagonalen sind senkrecht zueinander.
- D Die Diagonalen halbieren einander.

2 Vierecke zeichnen

Vervollständige zu einem Parallelogramm.

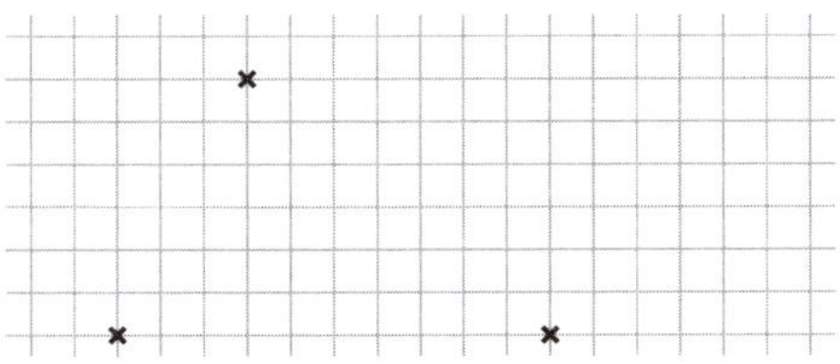

Vervollständige zu einem Parallelogramm.

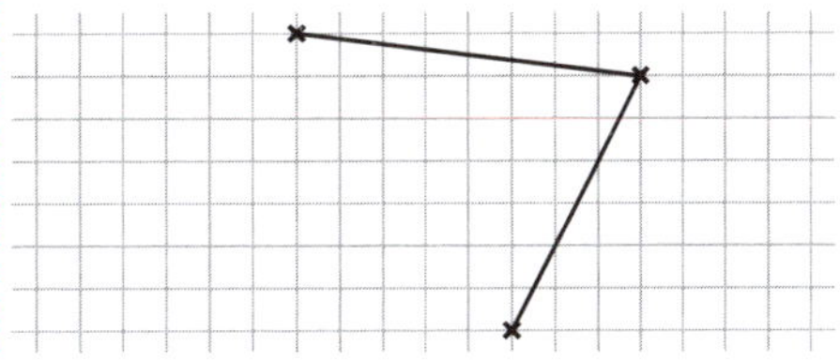

Vervollständige zu einem gleichschenkligen Trapez.

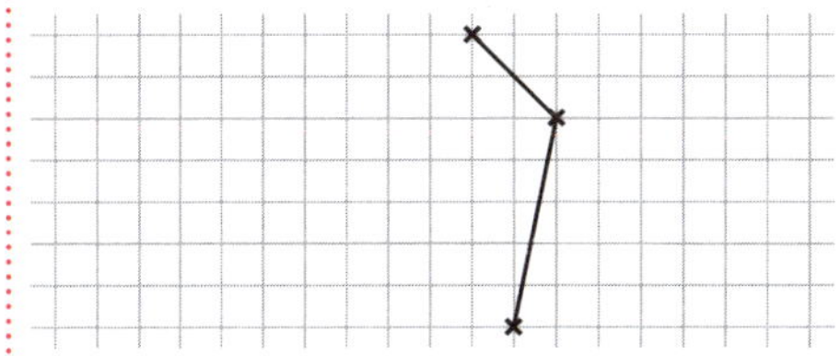

3 Eigenschaften von Dreiecken erkennen

Welches Dreieck ist ein gleichseitiges Dreieck? Kreuze an.

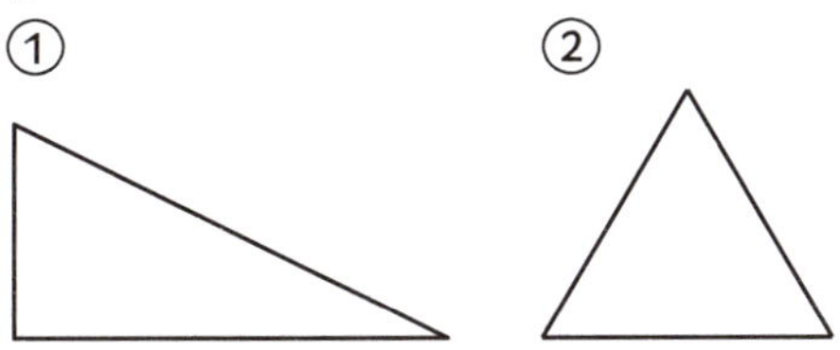

a) Kennzeichne gleich große Winkel und gleich lange Seiten jeweils mit gleicher Farbe.

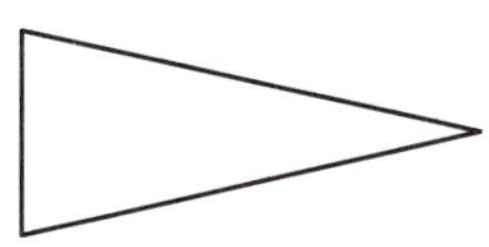

b) Zeichne Symmetrieachsen ein.

Welche Eigenschaften gelten für ein gleichseitiges Dreieck? Kreuze an.

- A Alle Seiten sind gleich lang.
- B Alle Winkel sind gleich groß.
- C Es hat eine Symmetrieachse.
- D Es hat drei Symmetrieachsen.

4 Mittelsenkrechte und Umkreis zeichnen

Zeichne die Mittelsenkrechte.

Halbiere die Strecke mit Zirkel und Lineal.

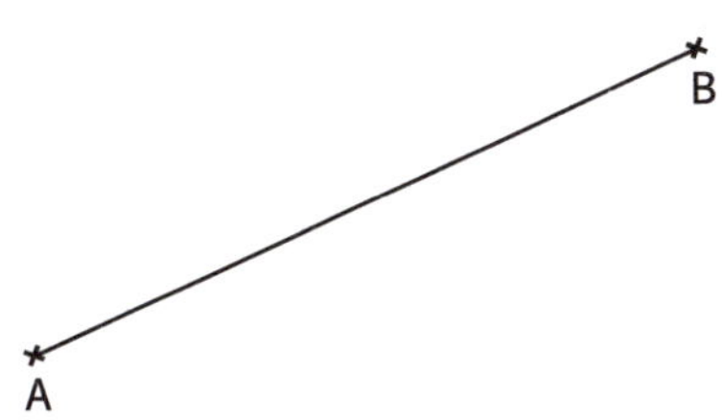

Konstruiere den Umkreis.

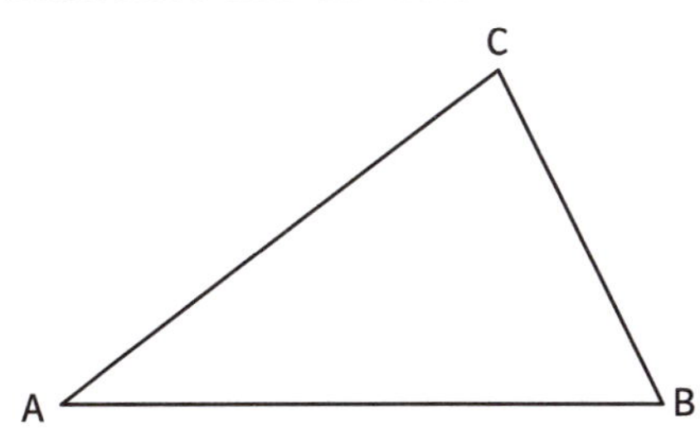

5 Winkelhalbierende und Inkreis zeichnen

Zeichne die Winkelhalbierende.

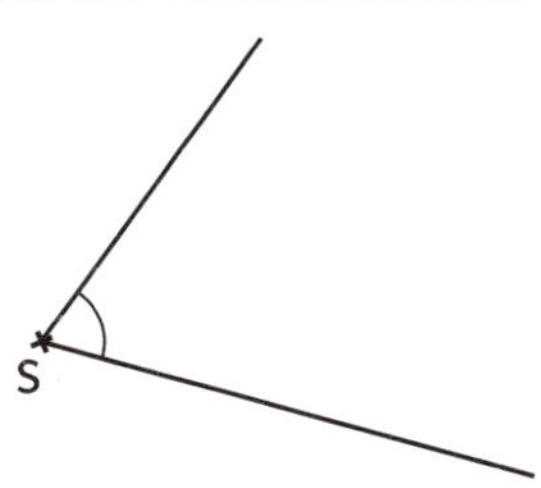

Halbiere den Winkel mit Zirkel und Lineal.

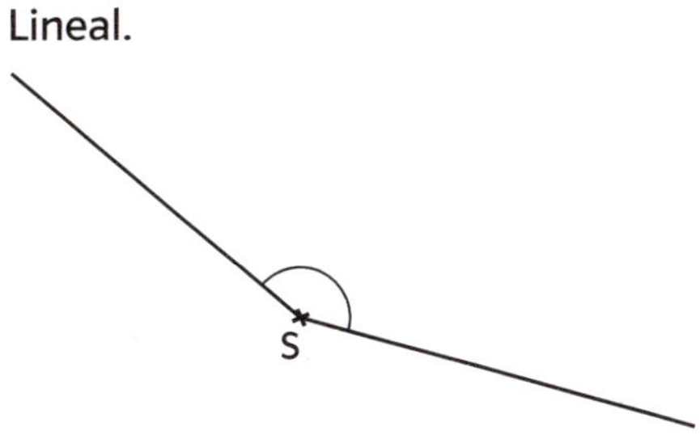

Konstruiere den Inkreis.

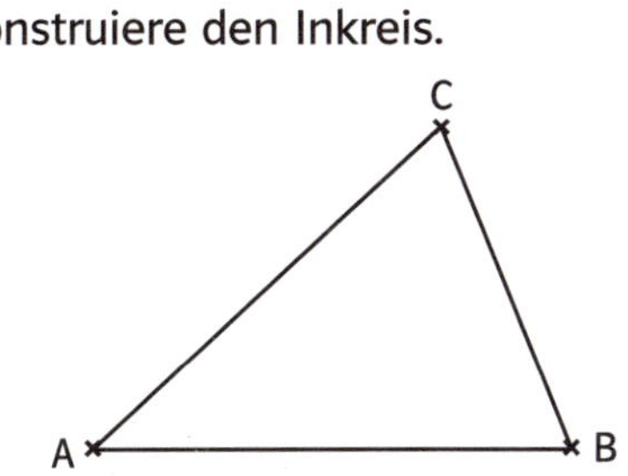

Dreiecke konstruieren (SSS)

1 Konstruiere das Dreieck.

Gegeben: Planfigur:

c = 4,2 cm

b = 3,7 cm

a = 2,2 cm

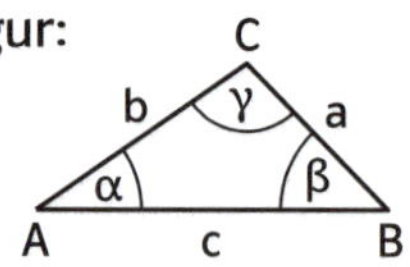

Dreieck konstruieren (SSS)

Gegeben: c = 2,2 cm; b = 2,6 cm; a = 1,3 cm

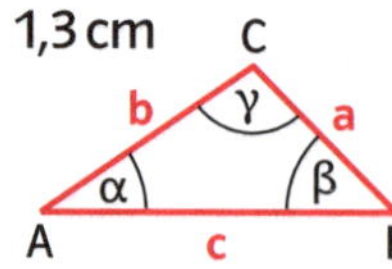

Planfigur

(1) Gegebene Teile in Planfigur kennzeichnen

(2) Seite c zeichnen

(3) Kreisbogen um A mit b = 2,6 cm

(4) Kreisbogen um B mit a = 1,3 cm

(5) Eckpunkte verbinden

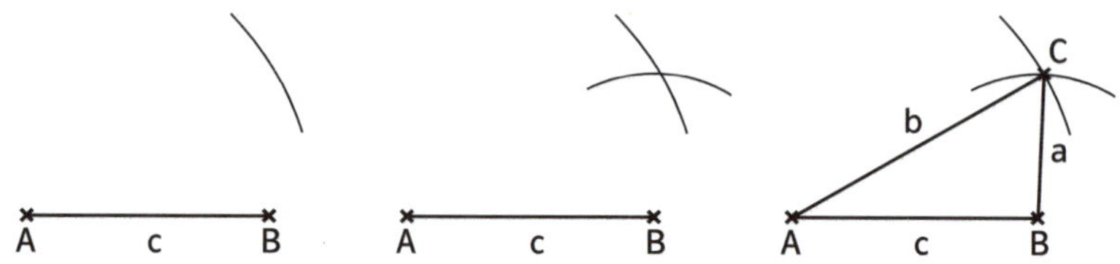

2 Konstruiere das Dreieck.

Gegeben: Planfigur:

c = 4,4 cm

b = 4,0 cm

a = 3,2 cm

3 Konstruiere das Dreieck.

Gegeben: Planfigur:

a = 4,0 cm

b = 2,1 cm

c = 2,9 cm

SSS

Seite, **S**eite, **S**eite sind gegeben.

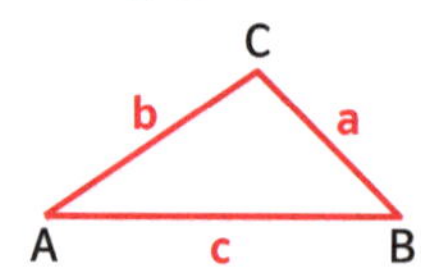

Kongruent zueinander heißt:
Die Figuren sind deckungsgleich.

4 a) Miss die Seitenlängen der Dreiecke und schreibe sie an die Figuren.

b) Färbe gleich lange Seiten der Dreiecke jeweils mit derselben Farbe.

c) Welche Dreiecke sind zueinander kongruent? Kreuze an.

A Dreieck ① ist kongruent zu Dreieck ②.

B Dreieck ① ist kongruent zu Dreieck ③.

C Dreieck ② ist kongruent zu Dreieck ③.

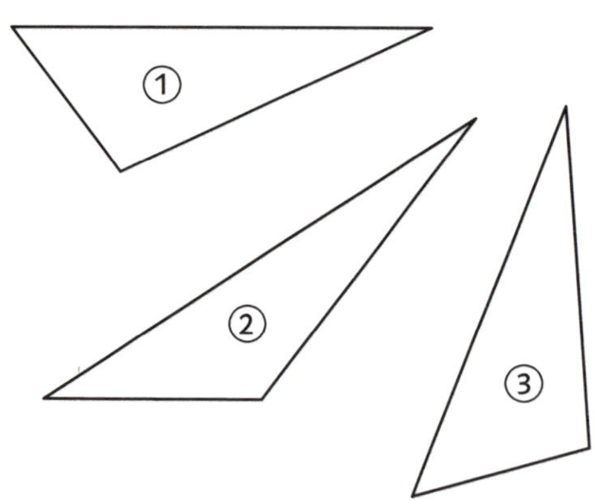

Kongruenzsatz (SSS)

Stimmen Dreiecke in allen drei Seiten überein, so sind sie zueinander kongruent.

2.1 Konstruiere das Dreieck.

a) Gegeben: c = 6,5 cm; b = 4,8 cm; a = 5,2 cm

b) Gegeben: c = 4,0 cm; b = 6,4 cm; a = 3,8 cm

c) Gegeben: c = 3,5 cm; a = 4,8 cm; b = 4,8 cm

d) Gegeben: c = 3,5 cm; a = 5,7 cm; b = 7,0 cm

3.1 Konstruiere das Dreieck.

a) Gegeben: a = 3,2 cm; b = 4,2 cm; c = 5,0 cm

b) Gegeben: a = 6,0 cm; b = 5,5 cm; c = 6,0 cm

c) Gegeben: a = 3,8 cm; b = 5,7 cm; c = 7,3 cm

d) Gegeben: a = 4,5 cm; b = 5,5 cm; c = 2,8 cm

4.1 Übertrage die Dreiecke in dein Heft und notiere, welche Dreiecke zueinander kongruent sind (wie Aufgabe 4).

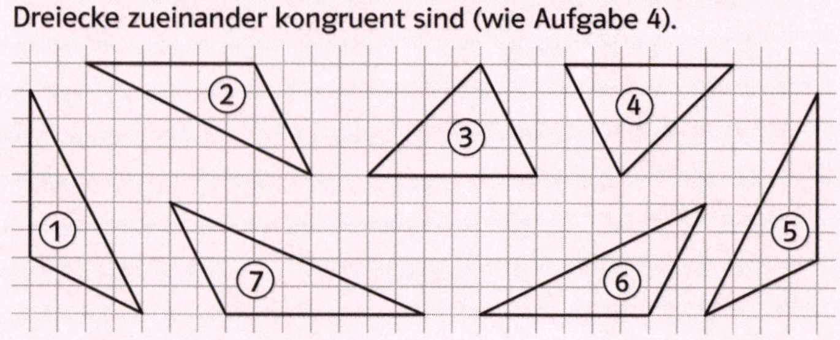

Dreiecke konstruieren (SWS)

1 Konstruiere das Dreieck.

Gegeben: Planfigur:

c = 4,5 cm

α = 30°

b = 3,6 cm

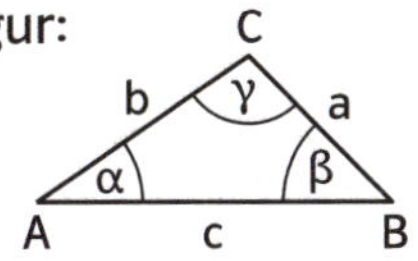

Dreieck konstruieren (SWS)

Gegeben: c = 2,2 cm; α = 70°; b = 1,9 cm

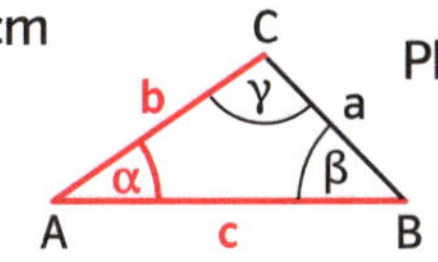

(1) Gegebene Teile in Planfigur kennzeichnen

(2) Seite c zeichnen

(3) Gegebenen Winkel α = 70° zeichnen

(4) Seite b = 1,9 cm zeichnen

(5) Eckpunkte verbinden

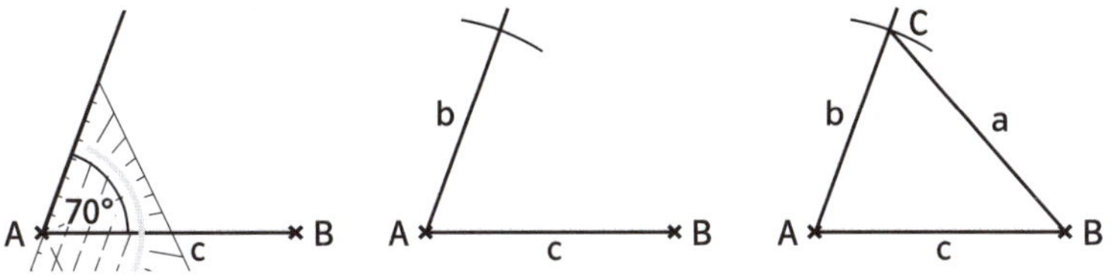

2 Konstruiere das Dreieck.

Gegeben: Planfigur:

c = 3,7 cm

α = 55°

b = 2,6 cm

3 Konstruiere das Dreieck.

Gegeben: Planfigur:

a = 3,3 cm

β = 65°

c = 3,1 cm

SWS
Seite, **W**inkel, **S**eite sind gegeben.

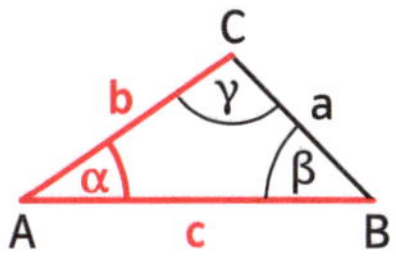

4 a) Miss in den Dreiecken die Seitenlängen und schreibe sie an die Figuren.

b) Miss in den Dreiecken die Größe aller Winkel und schreibe sie in die Figuren.

c) Welche Dreiecke sind zueinander kongruent? Kreuze an.

[A] Dreieck ① ist kongruent zu Dreieck ②.

[B] Dreieck ① ist kongruent zu Dreieck ③.

[C] Dreieck ② ist kongruent zu Dreieck ③.

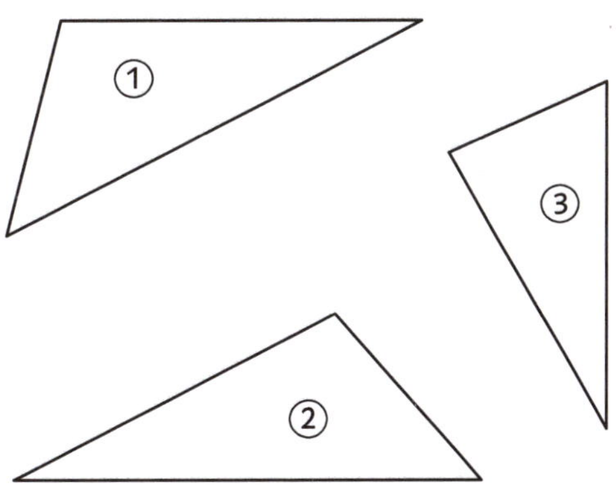

Kongruenzsatz (SWS)
Stimmen zwei Dreiecke in zwei Seiten und dem eingeschlossenen Winkel überein, so sind sie zueinander kongruent.

2.1 Konstruiere das Dreieck.

a) Gegeben: c = 8,0 cm; α = 72°; b = 4,2 cm

b) Gegeben: c = 3,5 cm; α = 35°; b = 6,3 cm

c) Gegeben: c = 4,5 cm; α = 40°; b = 5,6 cm

d) Gegeben: c = 3,9 cm; β = 60°; a = 5,5 cm

3.1 Konstruiere das Dreieck.

a) Gegeben: c = 7,2 cm; β = 38°; a = 3,7 cm

b) Gegeben: c = 5,8 cm; β = 125°; a = 4,4 cm

c) Gegeben: a = 4,0 cm; b = 6,6 cm; γ = 45°

d) Gegeben: a = 5,2 cm; b = 5,2 cm; γ = 80°

5 a) Konstruiere das Dreieck.
Gegeben: b = 3,5 cm; α = 39°; c = 6,5 cm
b) Konstruiere ein dazu kongruentes Dreieck.

6 a) Konstruiere das Dreieck.
Gegeben: a = 4,4 cm; β = 45°; c = 7,0 cm
b) Konstruiere ein dazu kongruentes Dreieck.

7 a) Konstruiere das Dreieck.
Gegeben: b = 5,5 cm; a = 5,5 cm; γ = 25°
b) Konstruiere ein dazu kongruentes Dreieck.

Dreiecke konstruieren (WSW)

1 Konstruiere das Dreieck.

Gegeben: Planfigur:

$c = 3{,}5\,\text{cm}$

$\alpha = 60°$

$\beta = 40°$

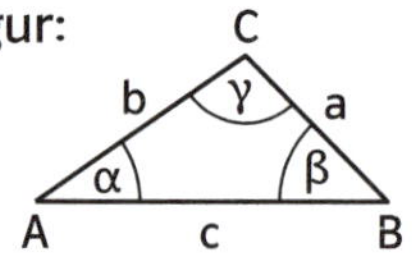

Dreieck konstruieren (WSW)

Gegeben: $c = 2{,}2\,\text{cm}$; $\alpha = 70°$; $\beta = 50°$ Planfigur:

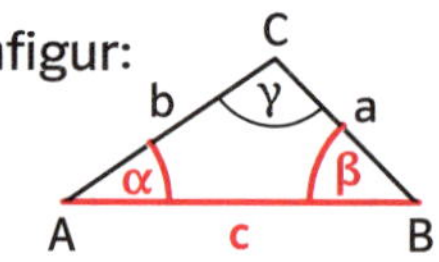

(1) Gegebene Teile in Planfigur kennzeichnen

(2) Seite c zeichnen

(3) Gegebenen Winkel α zeichnen

(4) Gegebenen Winkel β zeichnen

(5) Seiten verlängern, bis sie sich in C schneiden

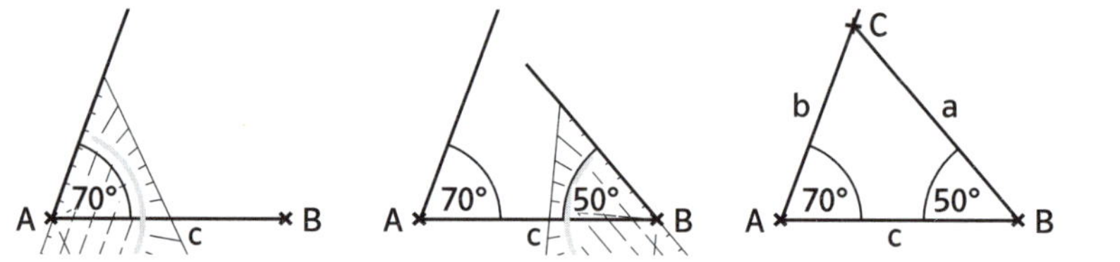

2 Konstruiere das Dreieck.

Gegeben: Planfigur:

$a = 2{,}6\,\text{cm}$

$\beta = 85°$

$\gamma = 45°$

3 Konstruiere das Dreieck.

Gegeben: Planfigur:

$b = 3{,}3\,\text{cm}$

$\alpha = 52°$

$\gamma = 53°$

WSW

Winkel, **S**eite, **W**inkel sind gegeben.

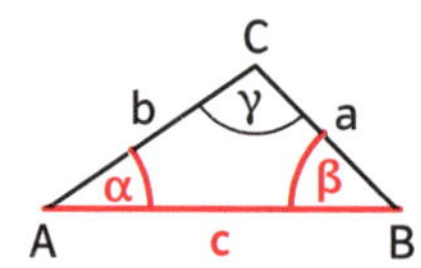

Kongruenzsatz (WSW)

Stimmen zwei Dreiecke in einer Seite und den beiden Winkeln an **dieser** Seite überein, so sind sie zueinander kongruent.

4 a) Miss in den Dreiecken die Seitenlängen und schreibe sie an die Figuren.

b) Miss in den Dreiecken die Größe aller Winkel und schreibe sie in die Figuren.

c) Welche Dreiecke sind zueinander kongruent? Kreuze an.

A Dreieck ① ist kongruent zu Dreieck ②.

B Dreieck ① ist kongruent zu Dreieck ③.

C Dreieck ② ist kongruent zu Dreieck ③.

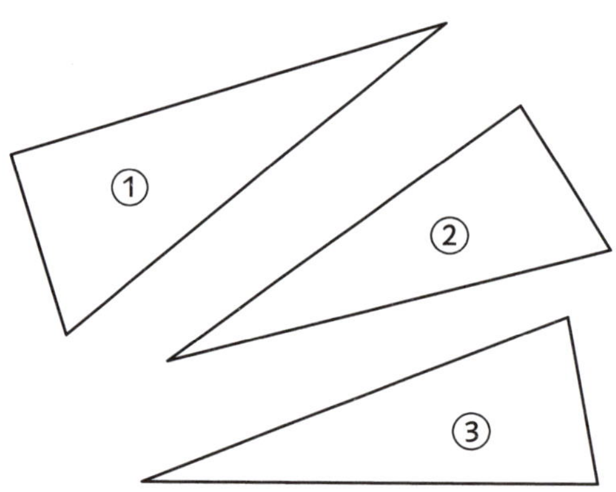

zu 7

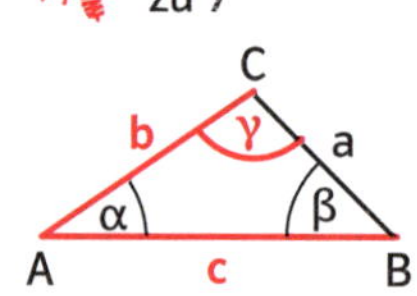

1.1 Konstruiere das Dreieck.

a) Gegeben: $c = 8{,}0\,\text{cm}$; $\alpha = 62°$; $\beta = 42°$

b) Gegeben: $c = 3{,}8\,\text{cm}$; $\alpha = 45°$; $\beta = 55°$

c) Gegeben: $a = 5{,}0\,\text{cm}$; $\beta = 85°$; $\gamma = 20°$

d) Gegeben: $a = 4{,}5\,\text{cm}$; $\beta = 35°$; $\gamma = 70°$

2.1 Konstruiere das Dreieck.

a) Gegeben: $b = 4{,}2\,\text{cm}$; $\alpha = 38°$; $\gamma = 55°$

b) Gegeben: $b = 5{,}4\,\text{cm}$; $\alpha = 32°$; $\gamma = 58°$

c) Gegeben: $\alpha = 56°$; $c = 6{,}4\,\text{cm}$; $\beta = 45°$

d) Gegeben: $\beta = 115°$; $\gamma = 20°$; $a = 1{,}8\,\text{cm}$

5 a) Konstruiere das Dreieck.

Gegeben: $\alpha = 90°$; $c = 6{,}5\,\text{cm}$; $\beta = 55°$

b) Konstruiere ein dazu kongruentes Dreieck.

6 a) Konstruiere das Dreieck.

Gegeben: $\alpha = 64°$; $\gamma = 45°$; $b = 4{,}8\,\text{cm}$

b) Konstruiere ein dazu kongruentes Dreieck.

7 Konstruiere ein Dreieck mit $b = 4{,}0\,\text{cm}$; $c = 5{,}2\,\text{cm}$ und dem Winkel $\gamma = 50°$. Zeige, dass alle Dreiecke, die mit zwei Seiten und dem Winkel, der der längeren Seite gegenüberliegt, übereinstimmen (SsW), kongruent sind.

Rechtwinklige Dreiecke konstruieren

1 Konstruiere.
Gegeben:
c = 4,5 cm
b = 2,0 cm
γ = 90°

Planfigur:

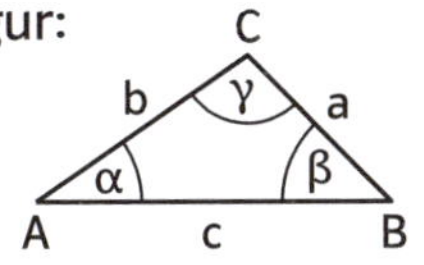

Rechwinkliges Dreieck konstruieren
Gegeben: c = 2,2 cm; b = 1,3 cm; γ = 90°

Planfigur

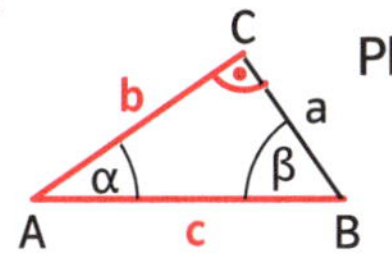

(1) Gegebene Teile in Planfigur kennzeichnen
(2) Die dem rechten Winkel gegenüberliegende Seite zeichnen
(3) Seite halbieren, Mittelpunkt M kennzeichnen
(4) Halbkreis um M durch die Punkte A und B zeichnen
(5) Kreisbogen um A mit b
(6) Eckpunkte verbinden

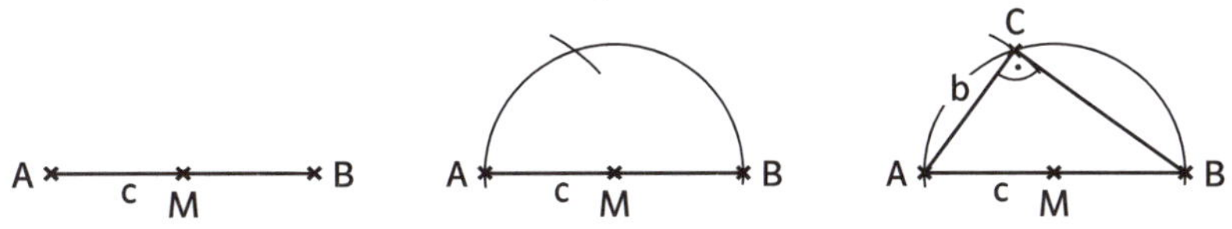

2 Konstruiere das Dreieck.
Gegeben:
c = 4,0 cm
α = 55°
γ = 90°

Planfigur:

3 Konstruiere das Dreieck.
Gegeben:
c = 4,6 cm
a = 2,8 cm
γ = 90°

Planfigur:

Satz des Thales

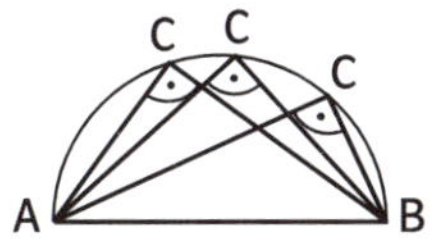

Alle Winkel am Halbkreisbogen sind rechte Winkel. Konstruiert man ein Dreieck aus A und B und einem Punkt C des Halbkreises, erhält man immer ein rechtwinkliges Dreieck.

4 ☆ Konstruiere das Rechteck mit dem Thaleskreis.
Gegeben:
a = 1,1 cm
Diagonale d = 2,7 cm

Planfigur:

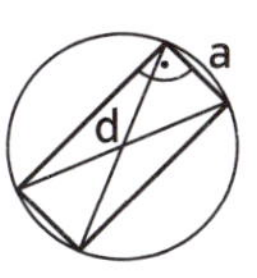

5 ☆ Konstruiere das Quadrat mit dem Thaleskreis.
Gegeben:
Diagonale d = 2,7 cm

Planfigur:

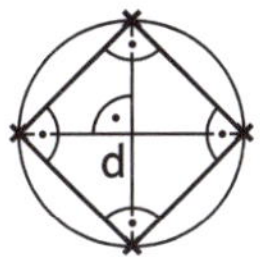

i

Thales von Milet
griechischer Mathematiker
um 600 v. Chr.

zu 6

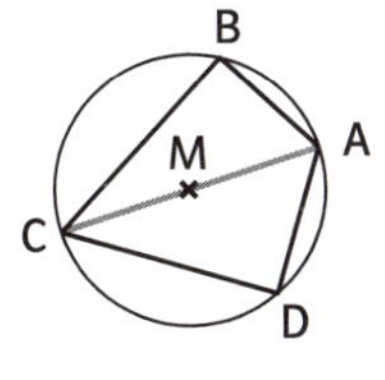

2.1 Konstruiere das Dreieck.
a) Gegeben: a = 6,0 cm; b = 2,5 cm; γ = 90°
b) Gegeben: c = 5,6 cm; b = 1,2 cm; γ = 90°
c) Gegeben: c = 7,2 cm; a = 2,1 cm; γ = 90°
d) Gegeben: c = 8,8 cm; a = 2,8 cm; γ = 90°

3.1 Konstruiere das Dreieck.
a) Gegeben: c = 8,6 cm; α = 30°; γ = 90°
b) Gegeben: c = 7,4 cm; α = 48°; γ = 90°
c) Gegeben: c = 10,0 cm; β = 45°; γ = 90°
d) Gegeben: c = 7,4 cm; β = 68°; γ = 90°

4.1 ☆ Konstruiere das Rechteck mit dem Thaleskreis.
a) d = 5,6 cm; a = 1,8 cm
b) d = 7,0 cm; a = 2,2 cm
c) d = 8,0 cm; a = 2,0 cm
d) d = 5,0 cm; a = 3,0 cm

5.1 ☆ Konstruiere das Quadrat mit dem Thaleskreis.
a) d = 5,2 cm
b) d = 6,0 cm
c) d = 4,3 cm
d) d = 5,0 cm
e) d = 3,1 cm
f) d = 7,0 cm
g) d = 6,5 cm
h) d = 9,0 cm

6 Zeichne ein Viereck ABCD mit Umkreis wie in der Randspalte. Begründe, dass die Winkel bei B und D zusammen 180° groß sind. Wie groß ist die Winkelsumme der anderen Winkel?

Vierecke konstruieren

1 Konstruiere ein Parallelogramm.
Gegeben: Planfigur:
a = 3,1 cm
α = 60°; b = 1,9 cm

Parallelogramm konstruieren
Gegeben: a = 1,9 cm; α = 70°; b = 1,3 cm
Planfigur:

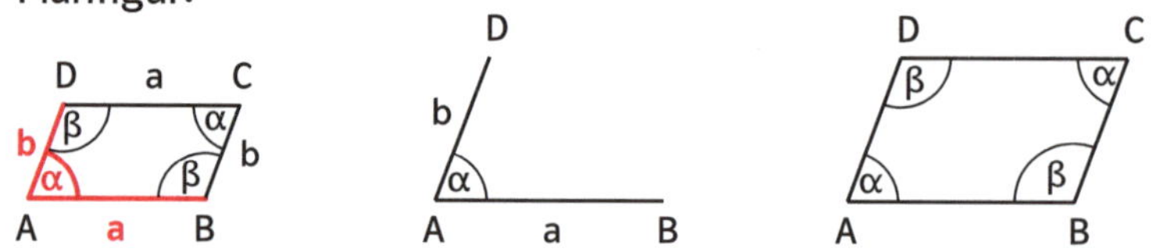

(1) Gegebene Teile in Planfigur kennzeichnen
(2) Konstruktion wie beim Dreieck
(3) Zu einem Parallelogramm ergänzen

2 a) Konstruiere ein gleichschenkliges Trapez.
Gegeben: Planfigur:
a = 4,0 cm
α = 55°
b = d = 1,9 cm

b) Notiere die fehlenden Größen:

γ = ______ δ = ______ c = ______

3 a) Konstruiere ein Trapez.
Gegeben: Planfigur:
a = 3,8 cm; b = 2,2 cm
α = 43°; β = 90°

b) Notiere die fehlenden Größen:

γ = ____ δ = ____ c = ____ d = ____

4 a) Konstruiere ein Viereck.
Gegeben: Planfigur:
a = 3,2 cm
b = 3,5 cm
d = 4,2 cm
α = 64°
β = 150°

b) Notiere die fehlenden Größen:

c = ______ γ = ______ δ = ______

Gleichschenkliges Trapez

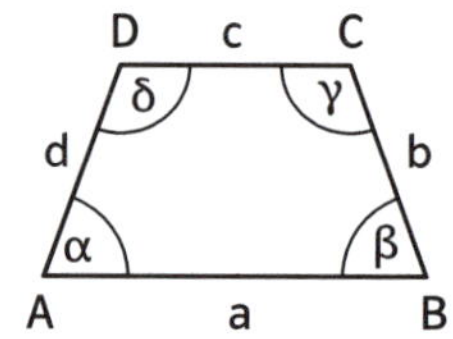

α = β; γ = δ
a ∥ c; b = d

Trapez

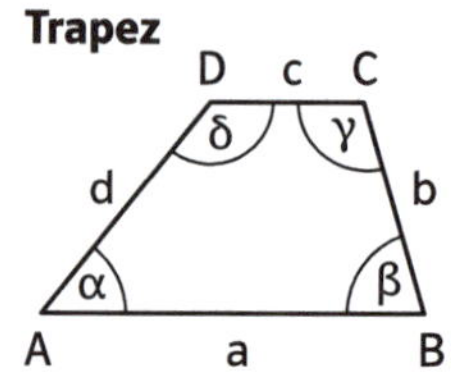

β + γ = 180°; a ∥ c
α + δ = 180°

Allgemeines Viereck

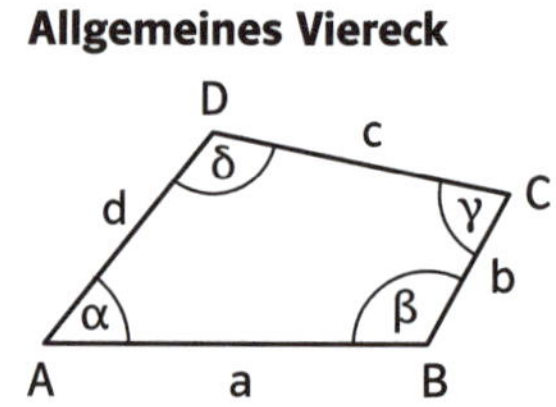

zu 2 bis 4
1,5; 1,8; 3,2; 4,8; 55; 90; 91; 125; 125; 137

1.1 Konstruiere ein Parallelogramm.
a) Gegeben: a = 4,0 cm; b = 2,5 cm; α = 35°
b) Gegeben: a = 6,0 cm; b = 1,8 cm; α = 78°
c) Gegeben: a = 5,0 cm; b = 4,2 cm; β = 70°
d) Gegeben: a = 5,8 cm; b = 2,9 cm; β = 144°

2.1 Konstruiere ein gleichschenkliges Trapez.
a) Gegeben: a = 5,0 cm; b = 3,2 cm; α = 80°
b) Gegeben: a = 4,0 cm; b = 5,0 cm; α = 110°
c) Gegeben: c = 3,0 cm; b = 4,5 cm; γ = 124°
d) Gegeben: c = 2,0 cm; b = 4,0 cm; δ = 110°

3.1 Konstruiere ein Trapez.
a) a = 8,0 cm; b = 3,6 cm; α = 54°; β = 80°
b) a = 3,5 cm; b = 3,5 cm; α = 110°; β = 55°

4.1 Konstruiere ein Viereck.
a) a = 4,0 cm; b = 4,0 cm; c = 4,0 cm; α = 70°; β = 105°
b) a = 5,0 cm; d = 4,0 cm; b = 3,3 cm; α = 67°; β = 54°

5 Zeichne vier Kreise. Versuche jeweils ein Quadrat, ein Rechteck, ein Parallelogramm und eine Raute so einzuzeichnen, dass alle Ecken auf dem Kreis liegen. Erkläre.

1 Dreieck aus SSS konstruieren ☹ 😐 ☺

Konstruiere das Dreieck.
$c = 3{,}8\,cm$; $b = 3{,}2\,cm$; $a = 4{,}0\,cm$

Konstruiere das Dreieck.
$c = 3{,}5\,cm$; $a = 2{,}7\,cm$; $b = 1{,}8\,cm$

Konstruiere das Dreieck.
$a = 4{,}5\,cm$; $b = 5{,}0\,cm$; $c = 2{,}8\,cm$

2 Dreieck aus SWS oder WSW konstruieren ☹ 😐 ☺

Konstruiere das Dreieck.
$c = 5{,}0\,cm$; $\alpha = 70°$; $b = 4{,}2\,cm$

Konstruiere das Dreieck.
$c = 4{,}8\,cm$; $\alpha = 60°$; $\beta = 40°$

Konstruiere das Dreieck.
$\beta = 115°$; $\gamma = 30°$; $a = 2{,}0\,cm$

3 Rechtwinkliges Dreieck konstruieren ☹ 😐 ☺

Konstruiere das Dreieck.
$c = 4{,}0\,cm$; $\alpha = 50°$; $\gamma = 90°$

Konstruiere das Dreieck.
$c = 4{,}6\,cm$; $a = 3{,}3\,cm$; $\gamma = 90°$

Konstruiere das Rechteck mit dem Thaleskreis.
$a = 2{,}0\,cm$; Diagonale $d = 3{,}2\,cm$

4 Viereck konstruieren ☹ 😐 ☺

Konstruiere das Parallelogramm.
$a = 4{,}0\,cm$; $b = 2{,}5\,cm$; $\alpha = 40°$

Konstruiere das gleichschenklige Trapez.
$a = 2{,}5\,cm$; $b = 4{,}2\,cm$; $\delta = 100°$

Konstruiere das Trapez.
$a = 5{,}0\,cm$; $b = 3{,}0\,cm$; $\alpha = 70°$; $\beta = 60°$

Flächeninhalt von Parallelogrammen berechnen

1 Berechne den Flächeninhalt A des Parallelogramms.
(1) g = 5,6 cm; h = 3,5 cm
(2) ______
(3) ______

Flächeninhalt A eines Parallelogramms berechnen

Berechne A für g = 3,3 cm und h = 2,5 cm.

(1) Gegebene Werte notieren	g = 3,3 cm; h = 2,5 cm
(2) Formel notieren	$A = g \cdot h$
(3) Werte einsetzen, berechnen	$A = 3{,}3\,cm \cdot 2{,}5\,cm = 8{,}25\,cm^2$

2 Berechne den Flächeninhalt A. Färbe die zur Berechnung erforderlichen Längen.

a)
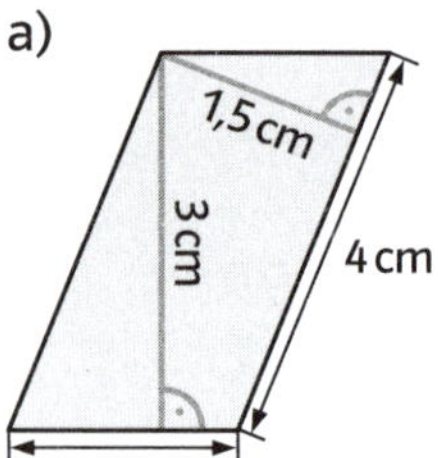

b)
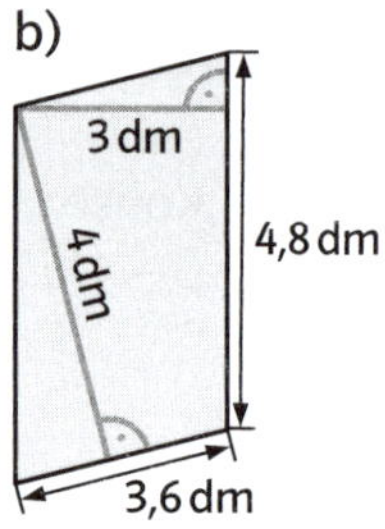

c)
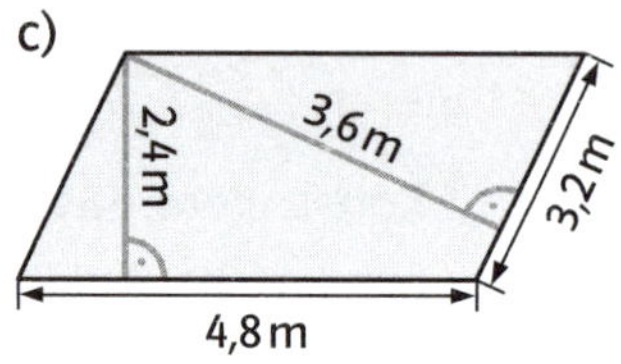

	a)	b)	c)
(1)	g =	g =	
	h =	h =	
(2)	A =		
(3)			

3 ☆ Berechne die Grundseite g bzw. die Höhe h eines Parallelogramms.

	a)	b)	c)
(1) Gegebene Werte notieren	g = 12,5 cm $A = 92{,}5\,cm^2$	h = 2,6 cm $A = 14{,}3\,cm^2$	h = 2,50 m $A = 31{,}25\,m^2$
(2) Formel notieren, umformen	$A = g \cdot h$ $h = \frac{A}{g}$	$A = g \cdot h$ g =	
(3) Werte einsetzen, berechnen	h = =		

Parallelogramm
Viereck, bei dem die gegenüberliegenden Seiten parallel sind.

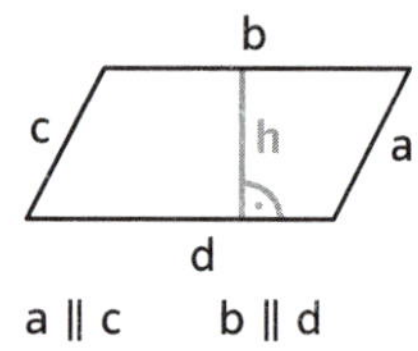

a ∥ c b ∥ d

Höhe h
- Abstand gegenüberliegender Seiten
- ist senkrecht zur Grundseite

Flächeninhalt Parallelogramm

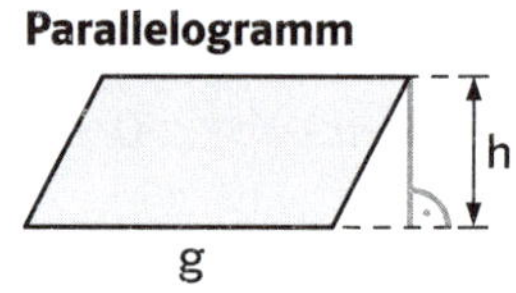

g Grundseite; h Höhe
$A = g \cdot h$

Flächeninhalt 1 cm²

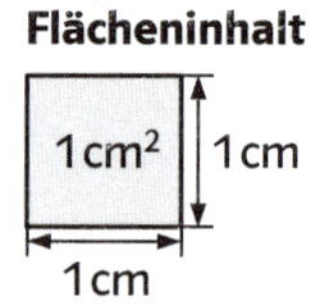

zu 1 bis 3
5,5; 6; 7,4; 11,52; 12,5; 14,4; 19,6

1.1 Berechne den Flächeninhalt A des Parallelogramms.

	a)	b)	c)	d)	e)
Grundseite g	12 cm	15 cm	2,5 m	12,5 cm	30,4 cm
Höhe h	7 cm	20 cm	3,2 m	20,2 cm	17,5 cm

Figur 1

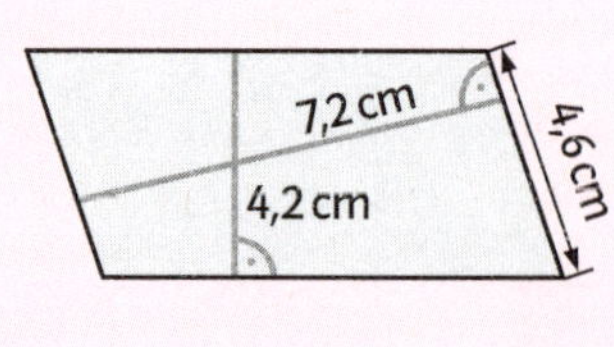

Figur 2

2.1 Berechne den Flächeninhalt A.
a) Figur 1 b) Figur 2

3.1 ☆ Berechne für ein Parallelogramm die fehlende Größe.
a) g = 4,5 cm; $A = 37{,}8\,cm^2$ b) h = 23 cm; $A = 1242\,cm^2$

4 Welchen Flächeninhalt A kann ein Parallelogramm haben, wenn die Seiten a = c = 6 cm und b = d = 4 cm sind?

Flächeninhalt von Dreiecken berechnen

1 Berechne den Flächeninhalt A des Dreiecks.

(1) g = 6,2 cm; h = 4,5 cm

(2) ______

(3) ______

______

Flächeninhalt A eines Dreiecks berechnen

Berechne A für g = 4,2 cm und h = 2,5 cm.

(1) Gegebene Werte notieren	g = 4,2 cm h = 2,5 cm
(2) Formel notieren	$A = \frac{g \cdot h}{2}$
(3) Werte einsetzen, berechnen	$A = \frac{4{,}2\,cm \cdot 2{,}5\,cm}{2}$ $= 5{,}25\,cm^2$

2 Berechne den Flächeninhalt A. Färbe die zur Berechnung erforderlichen Längen.

a)

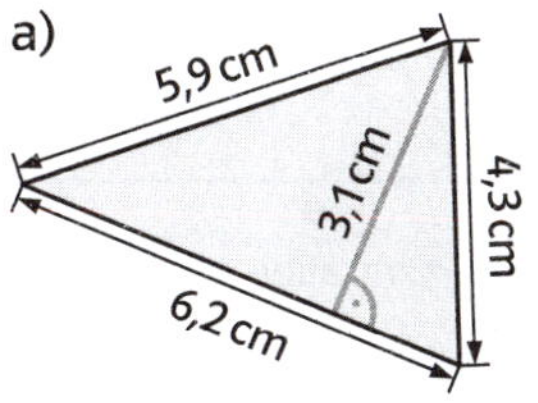

b)

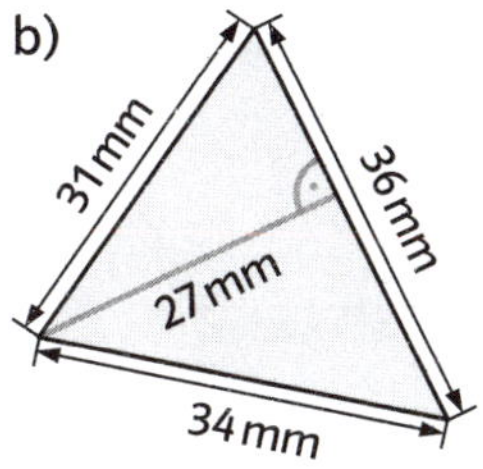

c)

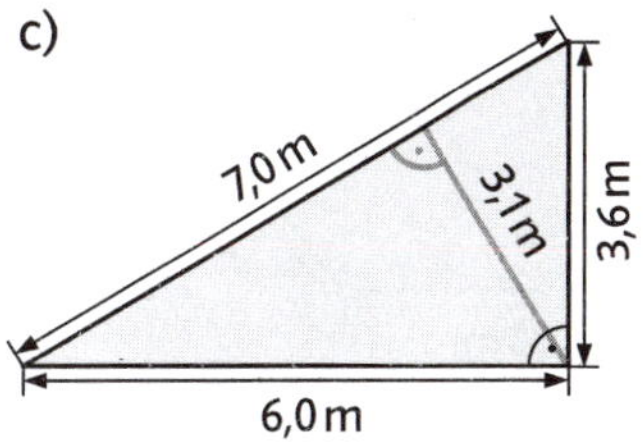

	a)	b)	c)
(1)	g = ______	g = ______	______
	h = ______	h = ______	______
(2)	A = ______	______	______
(3)	______	______	______
	______	______	______

Ein **Dreieck** ist ein halbes Parallelogramm.

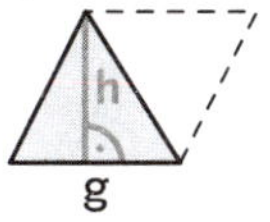

g Grundseite
h Höhe

Flächeninhalt Dreieck

$$A = \frac{g \cdot h}{2}$$

3 ☆ Berechne die Grundseite g bzw. die Höhe h eines Dreiecks.

	a)	b)	c)
(1) Gegebene Werte notieren	g = 12 cm A = 96 cm²	h = 8,5 cm A = 105,4 cm²	h = 2,65 cm A = 13,78 m²
(2) Formel notieren, umformen	$A = \frac{g \cdot h}{2}$ $h = \frac{2 \cdot A}{g}$	$A = \frac{g \cdot h}{2}$ ______	______ ______
(3) Werte einsetzen, berechnen	h = ______ ______	______ ______	______ ______

☑ zu 1 bis 3

9,61; 10,4; 10,85; 13,95; 16; 24,8; 486

1.1 Berechne den Flächeninhalt A des Dreiecks.

	a)	b)	c)	d)	e)
Grundseite g	12 cm	15 cm	2,5 m	6,3 cm	3,5 m
Höhe h	7 cm	20 cm	3,2 m	2,9 cm	1,85 m

2.1 Berechne den Flächeninhalt A.

a) Figur 1 b) Figur 2

3.1 ☆ Berechne für ein Dreieck die fehlende Größe.

a) g = 8 cm; A = 44,8 cm² b) h = 3,5 m; A = 29,05 m²

Figur 1

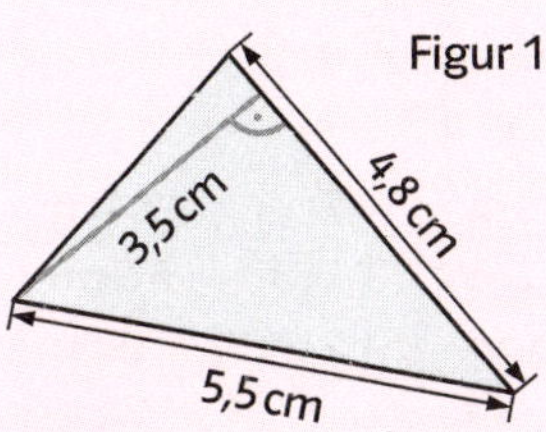

Figur 2

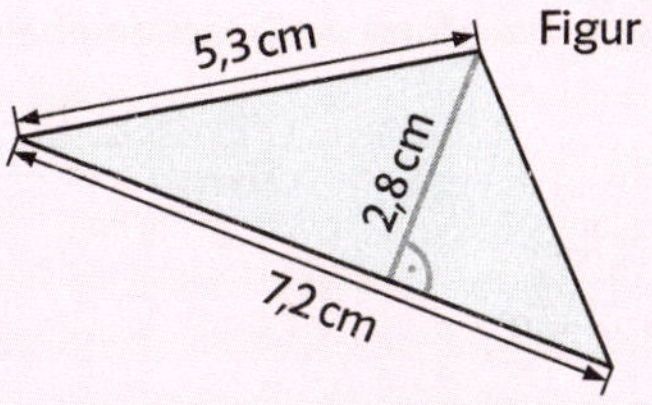

4 Zeichne ein Dreieck mit dem Flächeninhalt A = 12 cm² und der Grundseite g = c = 8 cm. Wann haben die Seiten a und b die gleiche Länge? Erkläre.

Flächeninhalt von Trapezen berechnen

1 Berechne den Flächeninhalt A des Trapezes.

(1) a = 3 cm; c = 7 cm; h = 4 cm

(2) ______

(3) ______

______

Flächeninhalt A eines Trapezes berechnen

Berechne A für a = 5,2 cm; c = 2,8 cm und h = 3,1 cm.

(1) Gegebene Werte notieren a = 5,2 cm; c = 2,8 cm; h = 3,1 cm

(2) Formel notieren $A = \frac{(a + c) \cdot h}{2}$

(3) Werte einsetzen, berechnen $A = \frac{(5{,}2\,cm + 2{,}8\,cm) \cdot 3{,}1\,cm}{2}$

$= 12{,}4\,cm^2$

2 Berechne den Flächeninhalt A. Färbe die zur Berechnung erforderlichen Längen.

a)

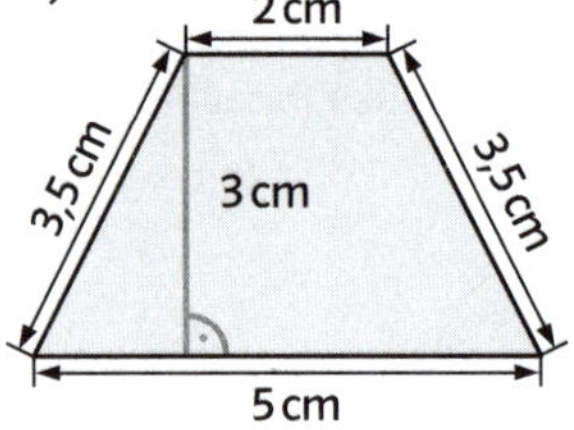

b)

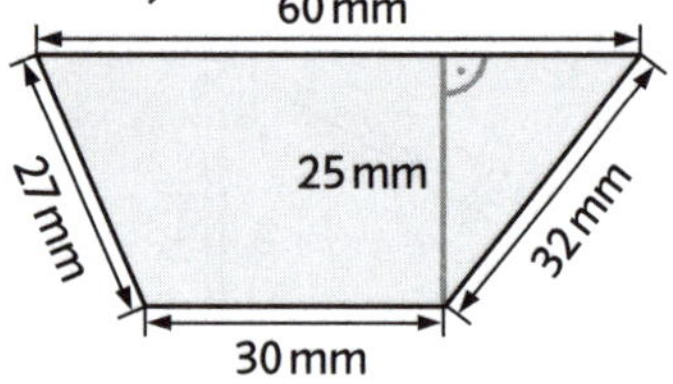

c)

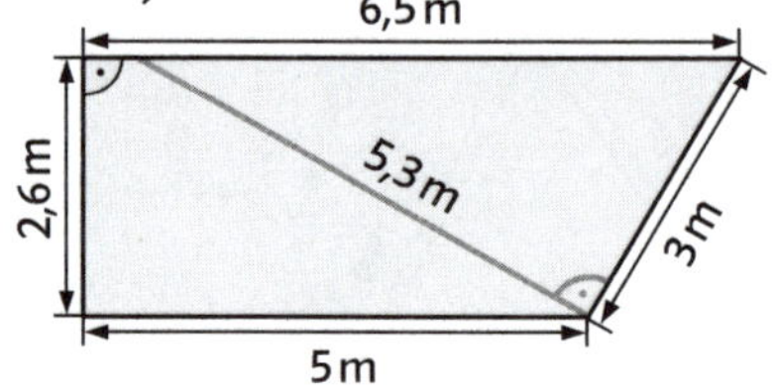

(1) a = ; c = ______ a = ; c = ______ a = ; c = ______

h = ______ h = ______ ______

(2) A = ______ ______ ______

(3) ______ ______ ______

______ ______ ______

3 ☆ Berechne den Flächeninhalt A. Miss zuerst die erforderlichen Längen.

a) Figur 1 b) Figur 2

(1) a = ______ ______

c = ______ ______

h = ______ ______

(2) A = ______ ______

______ ______

______ ______

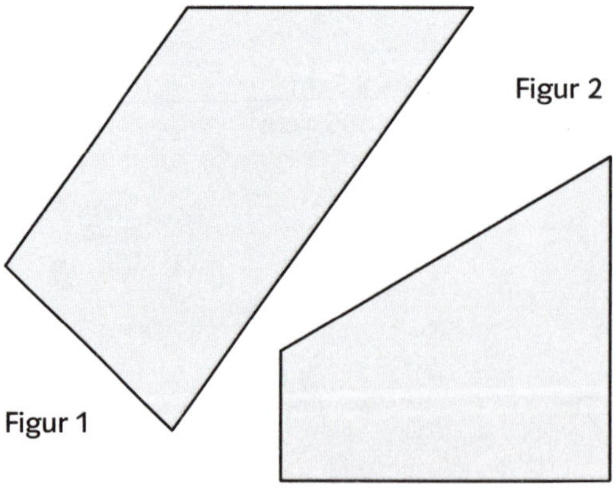

Figur 1

Figur 2

Trapez

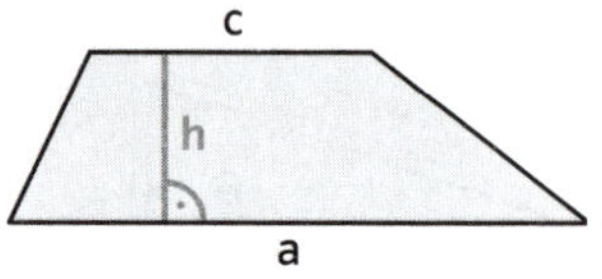

2 Seiten parallel
a ∥ c

Flächeninhalt Trapez

$A = \frac{(a + c) \cdot h}{2}$

☑ zu 1 bis 3
8,6; 10,5; 11,3; 14,95; 20; 1125

1.1 Berechne den Flächeninhalt A des Trapezes.

	a)	b)	c)	d)	e)
Seite a	12 cm	15 cm	2,8 m	4,5 cm	12,4 cm
Seite c	7 cm	20 cm	3,2 m	7,3 cm	8,6 cm
Höhe h	3 cm	10 cm	1,5 m	4,2 cm	10,5 cm

2.1 Berechne den Flächeninhalt A. a) Figur 1 b) Figur 2

4 Berechne den Flächeninhalt A eines Trapezes mit a = 6,2 cm; c = 6,2 cm und h = 6,2 cm. Was fällt dir auf?

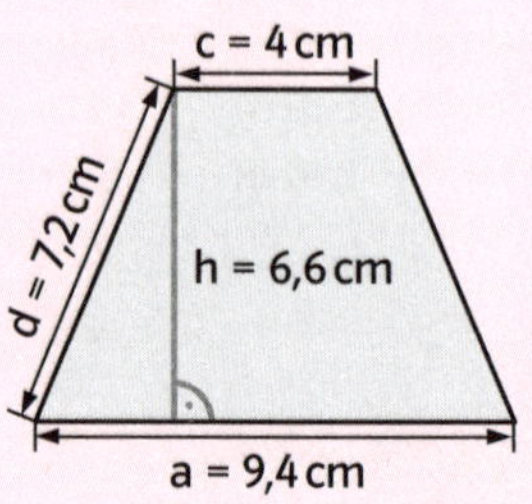

Figur 1

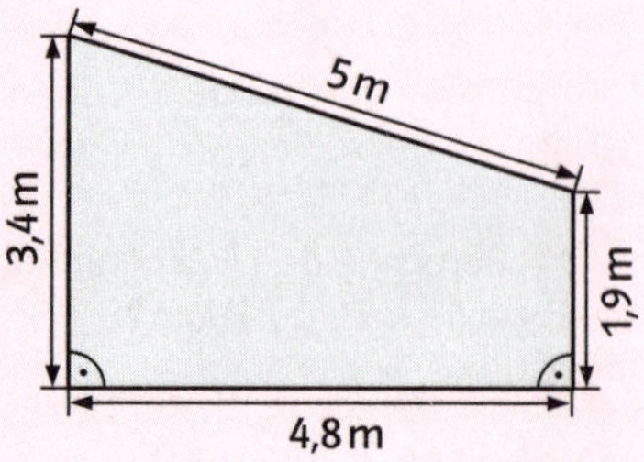

Figur 2

Flächeninhalt zusammengesetzter Flächen berechnen

1 Benenne die Formen der einzelnen Vielecke und berechne den Flächeninhalt A (Längen in cm).

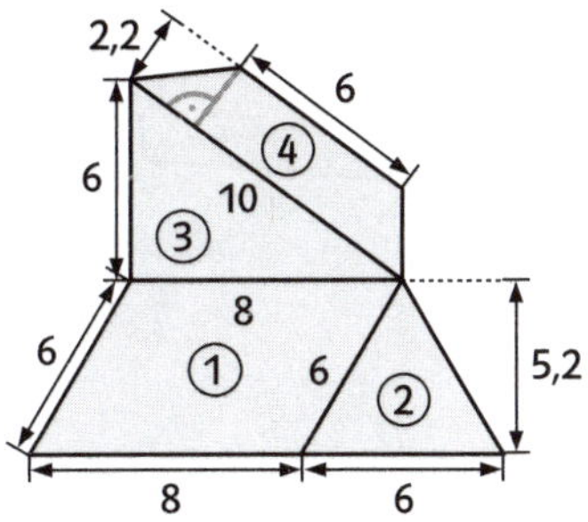

Teilfigur ①
Parallelogramm
(1)
(2)
(3)

Teilfigur ②

Flächeninhalt A der Gesamtfläche

Teilfigur ③
(1)
(2)
(3)

Teilfigur ④

2 Berechne den Flächeninhalt A der einzelnen Scheiben des Giebelfensters (Längen in cm).

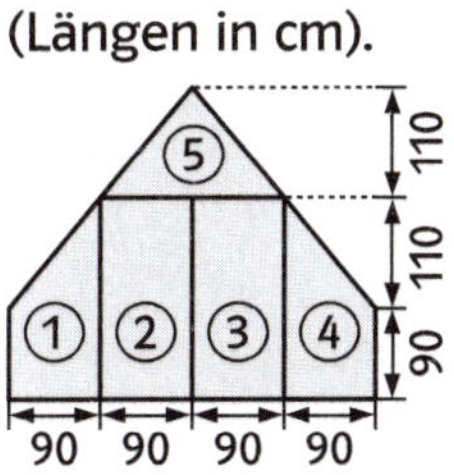

Fläche ① und ④ | Fläche ② und | Fläche
(1)
(2)
(3)

3 Berechne den Flächeninhalt A jeder Treppenstufe (Längen in cm).

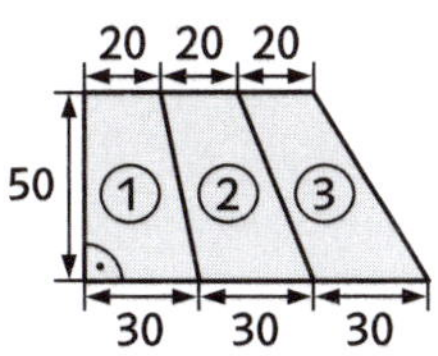

Schrittfolge beachten!
(1) Gegebene Werte notieren
(2) Formel notieren, umformen
(3) Werte einsetzen, berechnen

Flächeneinheiten
$100\,cm^2 = 1\,dm^2$
$100\,dm^2 = 1\,m^2$

zu 3
Sind drei Berechnungen erforderlich?

1.1 Benenne die Formen der einzelnen Vielecke (Figur 1 und Figur 2) und berechne den Flächeninhalt A (Längen in cm).

2.1 Berechne den Flächeninhalt A eines
a) Parallelogramms mit $g = 8{,}4\,cm$ und $h = 4{,}5\,cm$.
b) Dreiecks mit $g = 7{,}2\,cm$ und $h = 3{,}6\,cm$.
c) Trapezes mit $a = 8{,}5\,cm$; $c = 6{,}5\,cm$ und $h = 3{,}2\,cm$.
d) Rechtecks mit $a = 2{,}50\,m$ und $b = 2{,}20\,m$.

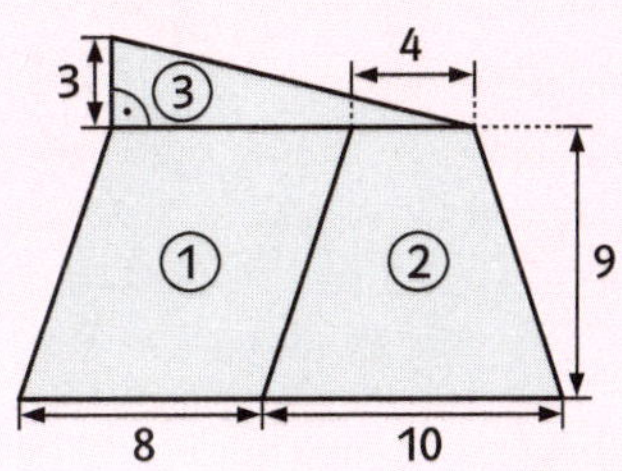

Figur 1

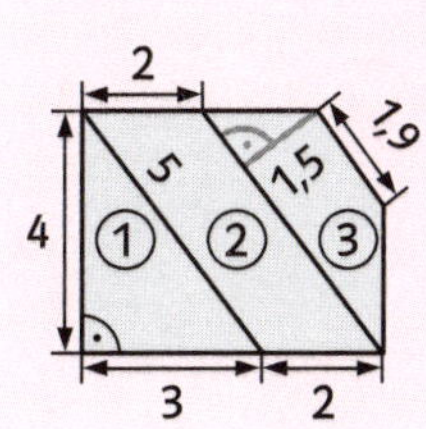

Figur 2

1 Flächeninhalt eines Parallelogramms berechnen ☹ 😐 ☺

Berechne den Flächeninhalt A.

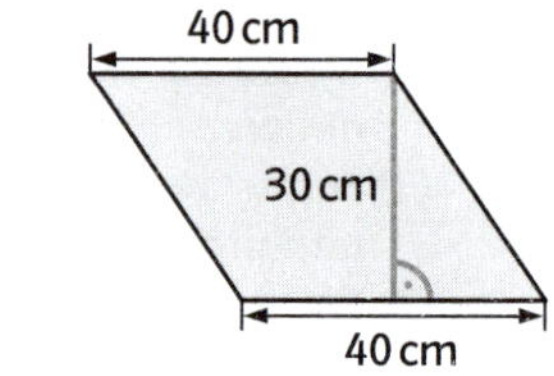

Berechne den Flächeninhalt A.

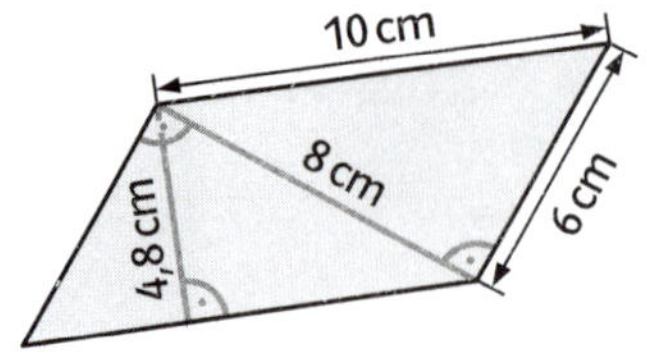

Berechne den Flächeninhalt A.

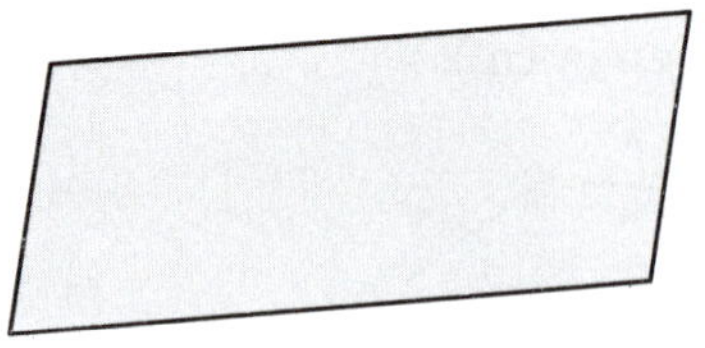

2 Flächeninhalt eines Dreiecks berechnen ☹ 😐 ☺

Berechne den Flächeninhalt A.

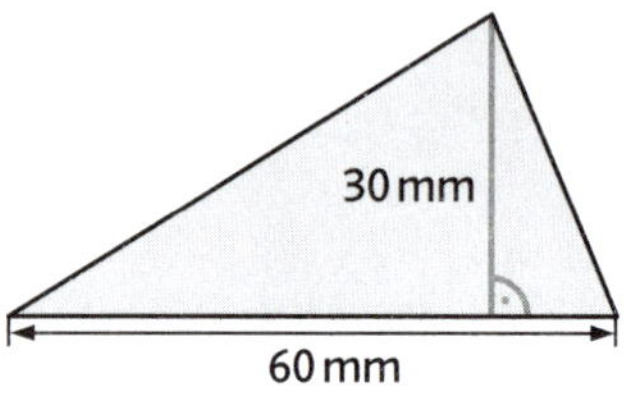

Berechne den Flächeninhalt A.

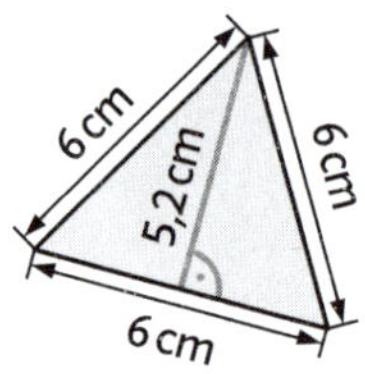

Berechne den Flächeninhalt A.

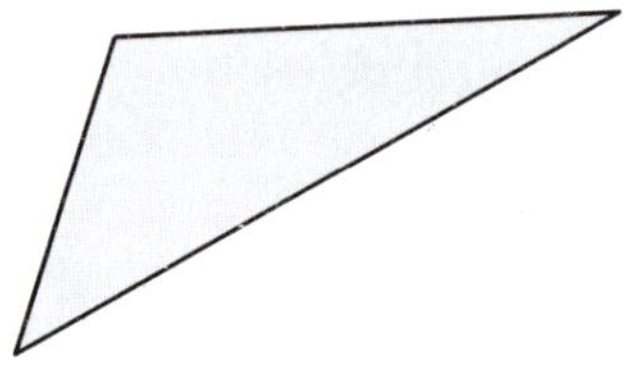

3 Flächeninhalt eines Trapezes berechnen ☹ 😐 ☺

Berechne den Flächeninhalt A.

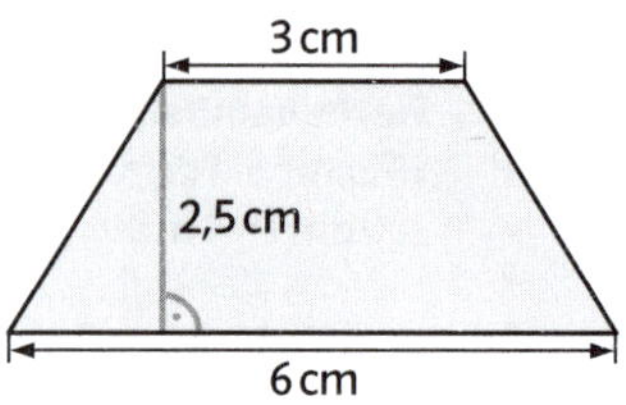

Berechne den Flächeninhalt A.

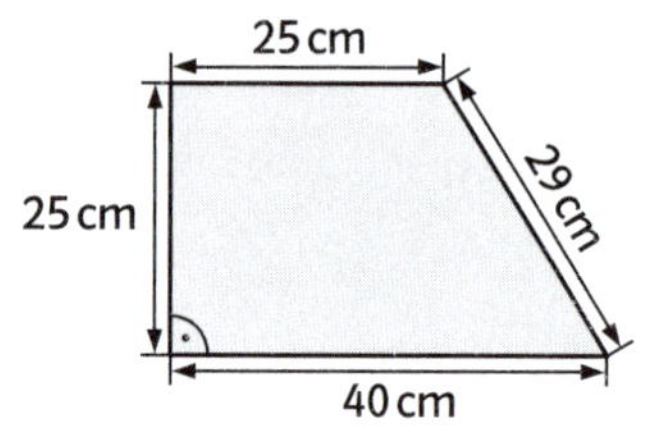

Berechne den Flächeninhalt A.

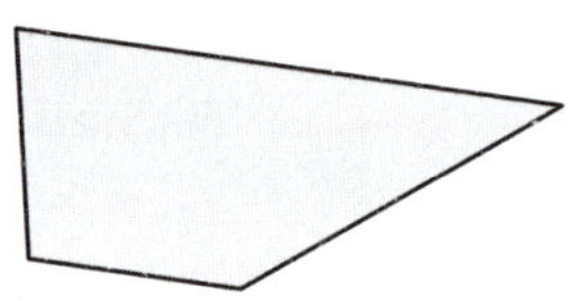

4 Flächeninhalt berechnen ☹ 😐 ☺

Berechne den Flächeninhalt A eines Dreiecks mit $g = 12\,cm$ und $h = 8{,}5\,cm$.

Berechne den Flächeninhalt A eines Trapezes mit $a = 4{,}2\,cm$; $c = 5{,}5\,cm$ und $h = 3\,cm$.

Berechne den Flächeninhalt A eines Trapezes mit $a = 8\frac{1}{2}\,cm$; $c = 2\frac{1}{2}\,cm$ und $h = 3\,cm$.

5 Größe einer Fläche berechnen ☹ 😐 ☺

Berechne den Flächeninhalt A eines Parallelogramms mit $h = 5{,}2\,cm$ und $g = 3{,}8\,cm$.

Berechne die Höhe h eines Parallelogramms mit $g = 12{,}5\,cm$ und $A = 115\,cm^2$.

Berechne die Höhe h eines Dreiecks mit $g = 6{,}2\,cm$ und $A = 16{,}74\,cm^2$.

Rationale Zahlen darstellen und notieren

1 Notiere die Zahlen.

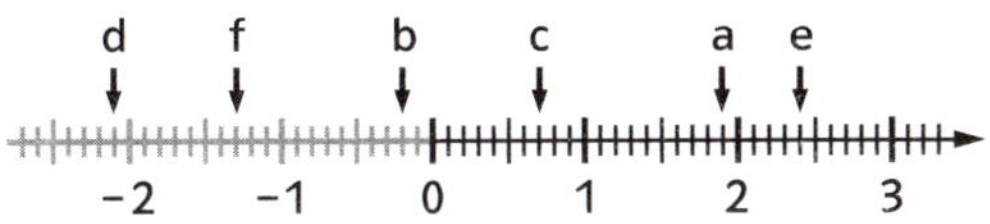

a) ______ b) ______ c) ______

d) ______ e) ______ f) ______

Rationale Zahlen darstellen und notieren

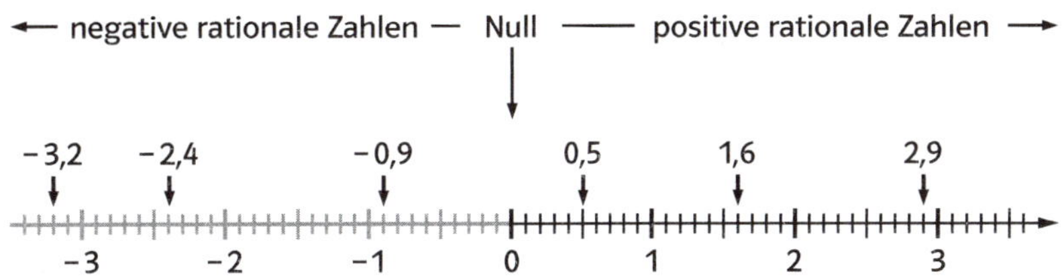

2 Markiere auf der Zahlengeraden.

a) −0,4 b) 1,7 c) −2,5 d) 3,2 e) −1,9 f) −1,2 g) 0,6 h) −3,5 i) 2,1 j) −2,9

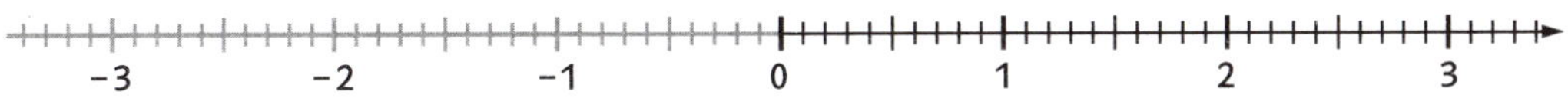

k) $\frac{5}{6}$ l) $-2\frac{2}{6}$ m) $3\frac{1}{2}$ n) $-\frac{3}{6}$ o) $-\frac{10}{6}$ und die Gegenzahlen zu k) bis o)

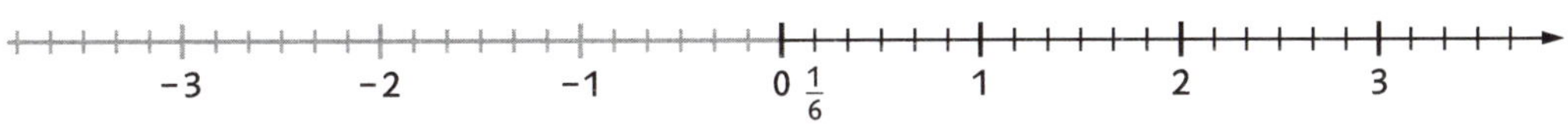

3 Fülle die Tabelle aus.

Zahl	−1,55			−5,91	$4\frac{1}{2}$		
Vorzeichen	–	+	–			–	+
Betrag	1,55	$\frac{3}{4}$	$2\frac{1}{5}$			0,15	7,08

4 Schreibe fünf Zahlen auf, die zwischen

a) 0,1 und 0,7 liegen. ______; ______; ______; ______; ______

b) 0 und $1\frac{1}{4}$ liegen. ______; ______; ______; ______; ______

c) −1,1 und 0 liegen. ______; ______; ______; ______; ______

d) −2,5 und −2,9 liegen. ______; ______; ______; ______; ______

5 Ordne zu und notiere.

a) −0,75; $2\frac{1}{4}$; $-5\frac{1}{3}$; 1,02; −17

b) 6,12; $-\frac{5}{6}$; 7,0; −2,95; 0,01

negative rationale Zahlen	positive rationale Zahlen

Rationale Zahlen

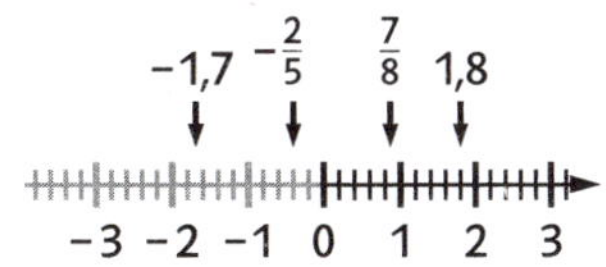

Jede rationale Zahl lässt sich als Bruch, als abbrechende oder als periodische Dezimalzahl schreiben.

zu 2 k) bis o)
Gegenzahl

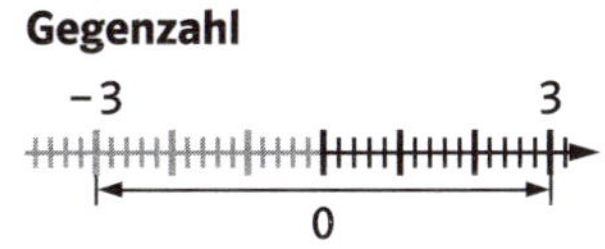

−3 ist Gegenzahl zu 3
3 ist Gegenzahl zu −3

zu 3
rationale Zahl
−2,5
Vorzeichen Betrag

zu 4
Es gibt viele verschiedene Lösungen.

1.1 Notiere die Zahlen.

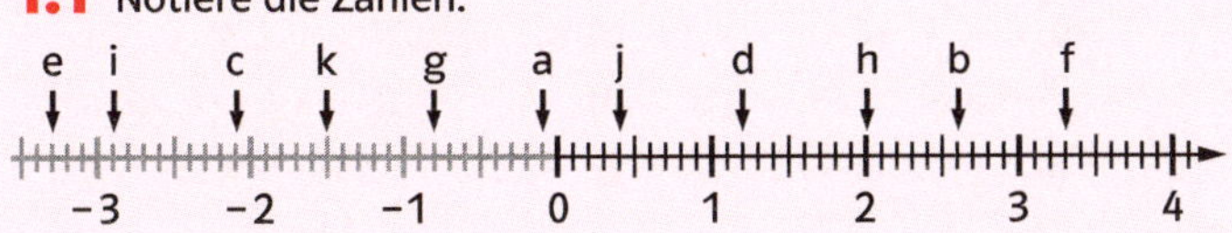

2.1 Zeichne eine Zahlengerade und markiere folgende Zahlen.

a) $3\frac{1}{3}$ b) $-\frac{2}{3}$ c) $-1\frac{2}{3}$ d) $\frac{1}{3}$ e) $\frac{8}{3}$ f) $-\frac{14}{3}$

4.1 Schreibe fünf Zahlen auf, die zwischen

a) 0 und −1 liegen.
b) 1 und 1,5 liegen.
c) −1 und −0,9 liegen.
d) 0,1 und −0,1 liegen.
e) $\frac{1}{2}$ und $\frac{2}{3}$ liegen.
f) $-2\frac{1}{6}$ und $-2\frac{1}{4}$ liegen.

6 Zeichne jeweils eine Zahlengerade und markiere Zahlen.

a) Trage −5,3 und 1,7 ein. Bestimme und markiere die Mitte der beiden Zahlen.

b) Trage −0,08 und −0,86 ein. Bestimme und markiere die Mitte der beiden Zahlen.

Rationale Zahlen vergleichen und ordnen

1 Vergleiche. Setze passend <; >; = ein.

a) −2,7 □ −2,1; 2,7 □ −2,1

b) 3,4 □ 3,8; 3,4 □ −3,8

c) 4,5 □ 2,9; −4,5 □ −2,9

d) 0,9 □ −1,5; −0,9 □ −1,5

e) 0,7 □ 0,75; −0,7 □ −0,75

f) $-2\frac{1}{2}$ □ $-4\frac{1}{4}$; $2\frac{1}{2}$ □ $-4\frac{1}{4}$

Rationale Zahlen darstellen und vergleichen

← negative rationale Zahlen —— Null – positive rationale Zahlen →

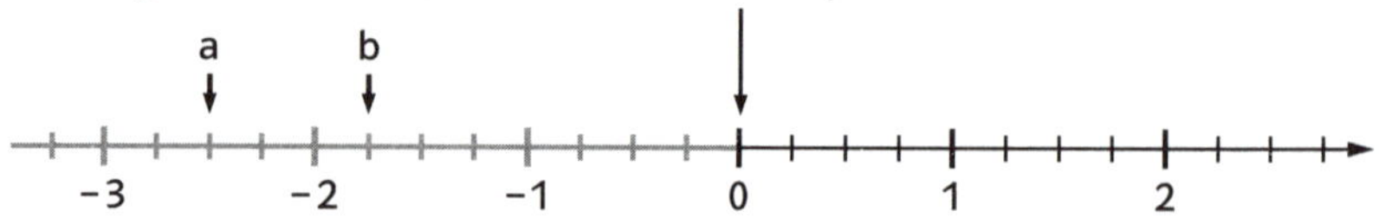

(1) Zahlen auf dem Zahlenstrahl markieren — a = −2,5; b = −1,75; c = −0,25

(2) Zahlen vergleichen (linke Zahl ist kleiner) — a < b < c

(3) Notieren — −2,5 < −1,75 < −0,25

2 Vergleiche die Temperaturen. Notiere mit >.

a) 4,7 °C und −5,2 °C ____>____

b) −12,5 °C und 9,8 °C ________

c) −0,9 °C und −6,1 °C ________

d) 7,8 °C und −10,2 °C ________

e) −7,8 °C und 1,4 °C ________

f) −2,9 °C und 0,6 °C ________

g) 3,5 °C und 0 °C ________

h) −1,0 °C und 0 °C ________

3 Vergleiche die Kontostände. Setze passend <; >; = ein.

a) 27,96 € □ −750,83 €

b) −143,76 € □ −208,15 €

c) 364,82 € □ 364,75 €

d) −429,31 € □ −429,38 €

e) 415,08 € □ 98,36 €

f) 261,43 € □ −897,03 €

g) € 23,41 H □ € 24,31 H

h) € 45,83 S □ € 58,34 H

i) € 17,43 S □ € 71,34 S

j) € 81,42 S □ € 17,24 H

k) 304,11 € □ −403,22 €

l) € 4000 S □ € 40 000 S

4 Ordne nach der Größe.

a) 4,5; −4,58; 4,509; −4,56; −4,55 ____<____

b) $\frac{1}{6}$; −0,8; $-\frac{3}{4}$; 0,5; $-\frac{2}{3}$ ________

c) 2,3; $-2\frac{3}{5}$; −2,7; $2\frac{1}{2}$; $-2\frac{3}{4}$ ________

d) $-6\frac{1}{3}$; −6,35; −6,33; $-6\frac{2}{5}$; $-6\frac{3}{8}$ ________

e) −0,7; −7,0; $\frac{1}{7}$; −0,07; 1,7 ________

f) −4,13; $-3\frac{1}{4}$; 0,431; −1,34; 1,304 ________

g) 10,9; −9,1; $-\frac{1}{9}$; −1,09; 109 ________

i

Temperaturen werden in °C (Grad Celsius) angegeben.

zu 3

Kontostände werden auf Kontoauszügen so notiert:
€ 216 + oder € 216 H
€ 425 − oder € 425 S
H steht für Haben (Guthaben)
S steht für Soll (Schulden)

zu 5

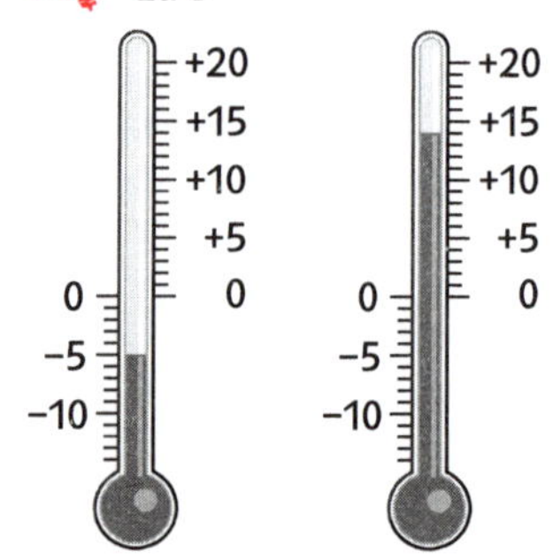

−5 °C 5° unter null — +14 °C 14° über null

i zu 5

NN Höhenangabe „**N**ORMAL**N**ULL" entspricht der Meereshöhe.

1.1 Vergleiche. Setze passend <; >; = ein.

a) 4,75 □ 4,7 b) −2,3 □ −2,31 c) −1,7 □ 0,3

d) −1,4 □ 1,4 e) $5\frac{1}{3}$ □ 5,3 f) $-7\frac{3}{8}$ □ −7,35

2.1 Vergleiche die Temperaturen. Notiere mit >.

a) 7,2 °C und 7,1 °C b) −7,2 °C und −7,1 °C c) −5,8 °C und 0,4 °C

d) −0,1 °C und 0 °C e) −3,5 °C und 3,5 °C f) −1,5 °C und −2 °C

3.1 Vergleiche die Kontostände. Setze passend <; >; = ein.

a) 845,69 € □ 793,08 € b) −251,36 € □ −109,27 €

c) −493,59 € □ −502,36 € d) 461,48 € □ −970,38 €

4.1 Ordne nach der Größe. Beginne mit der kleinsten Zahl.

a) $-\frac{1}{5}$; −0,3; $-\frac{1}{2}$; −0,4 b) 0,275; 0,281; 0,274; 0,279

c) −3,82; −3,85; −3,79; −3,8 d) $-4\frac{1}{8}$; −4,2; $-4\frac{1}{3}$; −4,25

e) $5\frac{5}{6}$; 5,8; $5\frac{3}{5}$; $5\frac{2}{3}$; 5,75 f) −9,55; −9,552; −9,56; −9,555

5 Vergleiche mit Formulierungen aus dem Alltag: „wärmer (kälter) als", „liegt höher (tiefer) als".

a) −3,2 °C □ −2,3 °C b) −0,3 °C □ 1,7 °C c) 4,8 °C □ −8,4 °C

d) 3,40 m über NN □ 0,45 m unter NN

e) 1,85 m unter NN □ 0,95 m unter NN

Positive rationale Zahlen addieren und subtrahieren

1 Löse die Klammer auf und berechne.

a) 2,8 + (+5,3)   b) −4,7 + (+1,13)

(1) = ______   ______

(2) = ______   ______

c) −5,1 + (+8,45)   d) $\frac{2}{7}+\left(+\frac{3}{7}\right)$

e) $-\frac{7}{9}+\left(+\frac{5}{9}\right)$ f) $-\frac{3}{8}+\left(+\frac{7}{8}\right)$ g) $-3{,}5+\left(+1\frac{1}{2}\right)$ h) $-4{,}6+\left(+8\frac{3}{10}\right)$

i) 6,82 − (+5,9)   j) 7,1 − (+9,8)   k) $\frac{4}{5}-\left(+\frac{7}{10}\right)$ l) $\frac{2}{3}-(+2)$

=

Positive rationale Zahlen addieren und subtrahieren

	3,2 + (+4,3)	$-\frac{2}{3}+\left(+\frac{2}{3}\right)$	3,2 − (+4,3)	$-\frac{2}{3}-\left(+\frac{2}{3}\right)$
(1) Klammern auflösen	= 3,2 + 4,3	$=-\frac{2}{3}+\frac{2}{3}$	= 3,2 − 4,3	$=-\frac{2}{3}-\frac{2}{3}$
(2) Berechnen	= 7,5	= 0	= −1,1	$=-\frac{4}{3}$

Klammern auflösen
+ (+) → +
− (+) → −

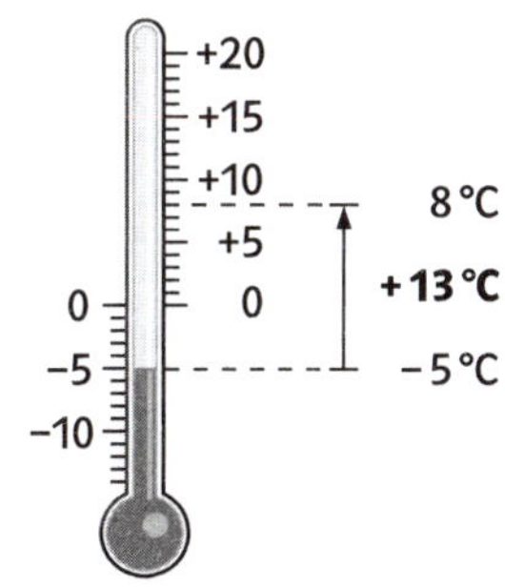

2 Berechne.

a) 8,6 °C + 5,5 °C = ______   b) −10,1 °C + 6,3 °C = ______

c) −1,7 °C + 4,2 °C = ______   d) −7,2 °C + 4,9 °C = ______

e) 2,4 °C + 0,7 °C = ______   f) −3,8 °C + 6,5 °C = ______

g) −0,9 °C + 0,9 °C = ______   h) −7,1 °C + 1,7 °C = ______

i) 9,0 °C + 1,7 °C = ______   j) −8,2 °C + 2,8 °C = ______

zu 1 und 2
−5,4; −5,4; −3,8; −3,57; −2,7; −2,3; −2; −1,8; $-1\frac{1}{3}$; $-\frac{2}{9}$; 0,0; $\frac{1}{10}$; $\frac{1}{2}$; $\frac{5}{7}$; 0,92; 2,5; 2,7; 3,1; 3,35; 3,7; 8,1; 10,7; 14,1

3 Berechne die Kontostände.

	alter Kontostand	Buchung	neuer Kontostand
a)	245,12 €	+ 67,83 €	
b)	− 245,12 €	+ 67,83 €	
c)	− 245,12 €	+ 245,12 €	

4 Fülle die Tabelle aus.

	alter Kontostand	Buchung	neuer Kontostand
a)	413,10 €		501,47 €
b)	− 413,10 €		− 265,83 €
c)	− 413,10 €		56,38 €

Guthaben und Einzahlung:
Guthaben wird größer

Schulden und Einzahlung:
Schulden werden kleiner

zu 3 und 4
−177,29; 0; 88,37; 147,27; 312,95; 469,48

1.1 Löse die Klammer auf und berechne.

a) 5,7 + (+4,6)   b) −6,3 + (+3,8)   c) −2,9 + (+6,5)
d) $\frac{5}{7}+\left(+\frac{9}{7}\right)$ e) $-\frac{3}{5}+\left(\frac{7}{5}\right)$ f) 4,1 − (+3,7)
g) 5,4 − (+8,6)   h) −7,3 − (+5,5)   i) $\frac{3}{8}-\left(+\frac{7}{8}\right)$
j) $-\frac{4}{9}-\left(+\frac{7}{9}\right)$ k) $-\frac{2}{3}+\left(+\frac{5}{3}\right)$ l) $6{,}25-\left(+6\frac{1}{4}\right)$

2.1 Berechne.

a) 5,1 °C + 3,8 °C   b) 7,2 °C + 8,1 °C   c) 3,8 °C + 1,7 °C
d) −8,3 °C + 1,7 °C   e) −9,4 °C + 1,7 °C   f) 9,0 °C + 1,1 °C
g) −9,7 °C + 1,3 °C   h) 10,2 °C + 10,2 °C   i) 11,9 °C + 6,2 °C

3.1 Übertrage die Tabelle in dein Heft und berechne die fehlenden Beträge.

	alter Kontostand	Buchung	neuer Kontostand
a)	216,93 €	+298,61 €	
b)	−347,25 €	+145,86 €	
c)	−183,46 €	+502,19 €	
d)	70,03 €		905,43 €
e)	−846,57 €		−520,82 €
f)	−718,62 €		267,19 €

Negative rationale Zahlen addieren und subtrahieren

1 Löse die Klammer auf und berechne.

a) $31{,}6 + (-16{,}3)$ b) $2{,}25 + (-4{,}51)$

(1) = ______   ______

(2) = ______   ______

c) $-28{,}7 + (-31{,}4)$ d) $\frac{3}{5} + \left(-\frac{1}{10}\right)$

e) $-\frac{4}{7} + \left(-\frac{3}{7}\right)$ f) $\frac{5}{8} + \left(-\frac{3}{4}\right)$ g) $-2{,}3 + \left(-\frac{1}{4}\right)$ h) $1{,}7 + \left(-1\frac{4}{5}\right)$

i) $2{,}7 - (-5{,}6)$ j) $-4{,}1 - (-8{,}9)$ k) $\frac{3}{4} - \left(-\frac{1}{2}\right)$ l) $-\frac{4}{3} - (-3)$

Negative rationale Zahlen addieren und subtrahieren

	$3{,}2 + (-4{,}3)$	$-\frac{2}{3} + \left(-\frac{2}{3}\right)$	$3{,}2 - (-4{,}3)$	$-\frac{2}{3} - \left(-\frac{2}{3}\right)$
(1) Klammern auflösen	$= 3{,}2 - 4{,}3$	$= -\frac{2}{3} - \frac{2}{3}$	$= 3{,}2 + 4{,}3$	$= -\frac{2}{3} + \frac{2}{3}$
(2) Berechnen	$= -1{,}1$	$= -\frac{4}{3}$	$= 7{,}5$	$= 0$

Klammern auflösen
$+ (-) \rightarrow -$
$- (-) \rightarrow +$

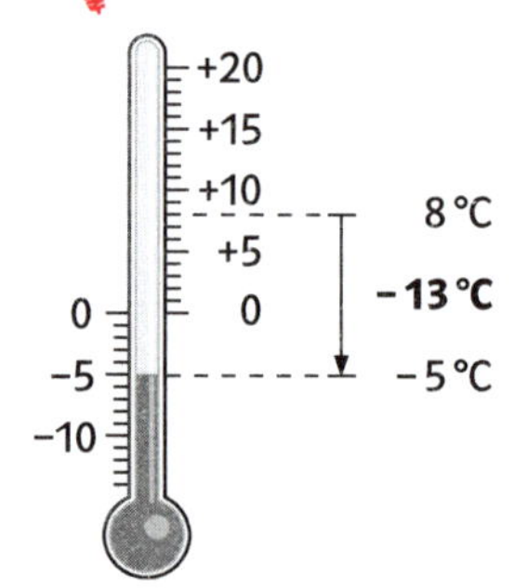

zu 1 und 2
−60,1; −20,8; −15,4; −11,3; −10; −7,7; −6,6; −5,4; −2,7; −2,55; −2,26; −1; $-\frac{1}{8}$; −0,1; $\frac{1}{2}$; $1\frac{1}{4}$; $1\frac{2}{3}$; 4,8; 5,8; 8,3; 10,4; 15,3

2 Berechne.

a) 11,2 °C − 5,4 °C = ______   b) −11,2 °C − 9,6 °C = ______

c) 1,2 °C − 7,8 °C = ______   d) 3,8 °C − 6,5 °C = ______

e) −3,8 °C − 6,2 °C = ______   f) −9,5 °C − 1,8 °C = ______

g) −12,7 °C − 2,7 °C = ______   h) −4,0 °C − 3,7 °C = ______

i) 11,3 °C − 0,9 °C = ______   j) 3,9 °C − 9,3 °C = ______

3 Berechne die Kontostände.

	alter Kontostand	Buchung	neuer Kontostand
a)	312,64 €	− 257,45 €	
b)	178,31 €	− 408,82 €	
c)	550,00 €	− 550,00 €	

4 Fülle die Tabelle aus.

	alter Kontostand	Buchung	neuer Kontostand
a)	415,76 €		154,67 €
b)	397,83 €		− 68,59 €
c)		− 278,53 €	− 680,34 €

Guthaben und Auszahlung:
Guthaben wird kleiner

Schulden und Auszahlung:
Schulden werden größer

zu 3 und 4
−466,42; −401,81; −261,09; −230,51; 0; 55,19

1.1 Löse die Klammer auf und berechne.

a) $6{,}8 + (-4{,}6)$ b) $4{,}2 + (-7{,}5)$ c) $-1{,}5 + (-6{,}9)$
d) $\frac{3}{5} + \left(-\frac{2}{5}\right)$ e) $\frac{2}{3} + \left(-\frac{5}{3}\right)$ f) $4{,}3 - (-1{,}6)$
g) $2{,}7 - (-9{,}3)$ h) $-6{,}5 - (-8{,}9)$ i) $-3{,}2 - (-1{,}8)$
j) $-\frac{1}{4} + \left(-\frac{3}{4}\right)$ k) $\frac{1}{3} - \left(-\frac{4}{3}\right)$ l) $2{,}8 + \left(-\frac{1}{2}\right)$

2.1 Berechne.

a) 3,7 °C − 2,9 °C   b) −0,9 °C − 6,8 °C   c) 0,3 °C − 3,0 °C
d) −6,7 °C − 9,3 °C   e) 7,8 °C − 8,7 °C   f) −7,7 °C − 7,7 °C
g) 9,4 °C − 9,4 °C   h) −5,3 °C − 3,5 °C   i) 80 °C − 78 °C

3.1 Übertrage die Tabelle in dein Heft und berechne die fehlenden Beträge.

	alter Kontostand	Buchung	neuer Kontostand
a)	504,73 €	−293,82 €	
b)	146,05 €	−403,91 €	
c)	−356,75 €	−293,25 €	
d)	253,14 €		−87,03 €
e)	−26,05 €		−472,65 €
f)		−157,75 €	348,57 €

Rationale Zahlen multiplizieren und dividieren

Rationale Zahlen multiplizieren und dividieren

	$0{,}5 \cdot 0{,}4$	$-\frac{1}{2} \cdot \frac{3}{4}$	$0{,}8 : 0{,}2$	$\frac{4}{5} : \left(-\frac{1}{5}\right)$
(1) **Nebenrechnung** Vorzeichen des Ergebnisses bestimmen	+	–	+	–
(2) Produkt/Quotient berechnen	0,20	$-\frac{3}{8}$	4	–4

1 Berechne.

a) 4,5 · 5 = ____________

b) 6,4 · (–3) = ____________

c) –8,3 · 7 = ____________

d) –2,9 · (–8) = ____________

2 Berechne.

a) 4,2 : 0,6 = ____________
b) 3,6 : (–0,9) = ____________

c) –2,8 : 0,7 = ____________
d) –4,8 : (–0,8) = ____________

e) 31,5 : (–0,9) = ____________
f) –69,3 : 1,1 = ____________

3 Fülle die Tabelle aus.

a)

	3,2 · 0,08	9 · (–4,6)	–7,5 · 0,6	–0,4 · (–6,8)
(1) Vorzeichen des Ergebnisses	+			
(2) Produkt berechnen	+0,256			

b)

	16,5 : (+0,5)	2,24 : (–4)	–34,2 : 6	–49,5 : (–0,09)
(1) Vorzeichen des Ergebnisses	+			
(2) Quotient berechnen	+33			

4 Berechne.

a) 39,9 : (–0,7) = ____________
b) –55,2 : (–0,3) = ____________

c) –4,7 · (+0,8) = ____________
d) –5,22 : (–0,6) = ____________

e) 9,3 · (–0,7) = ____________
f) 8,1 : (+9) = ____________

5 Berechne und kürze, wenn möglich.

a) $-\frac{4}{9} \cdot \left(+\frac{3}{8}\right)$
$= -\frac{4 \cdot}{9 \cdot}$ ____________
= ____________

b) $\frac{8}{15} : \left(-\frac{4}{5}\right)$
= ____________
= ____________

c) $-2\frac{2}{3} : \left(-\frac{2}{9}\right)$
= ____________
= ____________

Rechenregeln
(+) · (+) → +
(+) · (–) → –
(–) · (+) → –
(–) · (–) → +

(+) : (+) → +
(+) : (–) → –
(–) : (+) → –
(–) : (–) → +

Faktoren
1,8 · 0,4 = 0,72
Produkt

Dividend **Divisor**
7,2 : 0,6 = 12
Quotient

Brüche multiplizieren
$\frac{2}{7} \cdot \frac{3}{5} = \frac{2 \cdot 3}{7 \cdot 5} = \frac{6}{35}$

Brüche dividieren
Mit Kehrbruch multiplizieren
$\frac{3}{4} : \frac{5}{7} = \frac{3 \cdot 7}{4 \cdot 5} = \frac{21}{20} = 1\frac{1}{20}$

☑ zu 1 bis 5
–63; –58,1; –57; –41,4; –35; –19,2; –6,51; –5,7; –4,5; –4; –4; –3,76; –0,56; $-\frac{2}{3}$; $-\frac{1}{6}$; 0,9; 2,72; 6; 7; 8,7; 12; 22,5; 23,2; 184; 550

1.1 Berechne.
a) –4,5 · (+7)
b) –2,8 · (–3)
c) 1,4 · (0,07)

2.1 Berechne.
a) –0,45 : (+0,09)
b) –2,4 : (–6)
c) 0,18 : (+0,3)

4.1 Berechne.
a) 5,6 · (–0,6)
b) –4,2 : (–0,7)
c) –13 · (–0,8)

5.1 Berechne und kürze, wenn möglich.
a) $\frac{3}{5} \cdot \left(+\frac{4}{7}\right)$
b) $\frac{4}{9} \cdot \left(-\frac{6}{11}\right)$
c) $-\frac{5}{8} \cdot \left(+\frac{4}{5}\right)$
d) $-\frac{8}{15} \cdot \left(-\frac{5}{4}\right)$
e) $2\frac{1}{2} \cdot \left(+\frac{2}{5}\right)$
f) $-\frac{5}{7} : \left(+\frac{4}{9}\right)$
g) $\frac{2}{3} : \left(-\frac{5}{6}\right)$
h) $-\frac{5}{8} : \left(+\frac{4}{5}\right)$
i) $-\frac{4}{5} : \left(-\frac{8}{15}\right)$
j) $1\frac{1}{2} : \left(+\frac{5}{8}\right)$
k) $-4\frac{2}{7} \cdot \left(-\frac{1}{10}\right)$
l) $3\frac{3}{4} : \left(-2\frac{1}{2}\right)$

Bunte Mischung

1 Notiere die Zahlen.

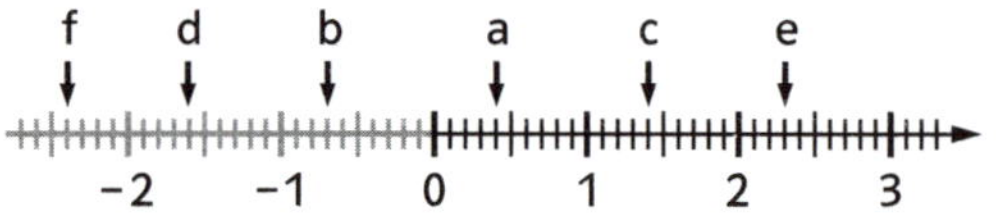

a) ______ b) ______ c) ______

d) ______ e) ______ f) ______

2 Vergleiche. Setze passend <; >; = ein.

a) 4,79 ▢ 4,815 b) −7,285 ▢ −7,31 c) 3,125 ▢ $3\frac{1}{8}$

d) −0,026 ▢ −0,255 e) −6,51 ▢ −6,511 f) $-9\frac{3}{5}$ ▢ −9,60

3 Fülle die Tabelle aus.

	alter Kontostand	Buchung	neuer Kontostand
a)	245,93 €	− 310,65 €	
b)	305,62 €		− 127,90 €
c)		+ 273,28 €	− 145,36 €

4 Berechne.

a) 6,2 °C + 5,4 °C = ______

b) 7,3 °C − 6,8 °C = ______

c) −1,2 °C + 5,6 °C = ______

d) −0,6 °C − 2,7 °C = ______

5 Berechne.

+	$\frac{3}{5}$	$-\frac{4}{15}$	$\frac{6}{10}$	$-\frac{2}{6}$
$\frac{2}{3}$				
$-\frac{3}{4}$				

6 Berechne.

−	$-\frac{2}{3}$	$\frac{5}{4}$	$-\frac{3}{2}$	$\frac{6}{5}$
$\frac{8}{9}$				
$-\frac{5}{6}$				

7 Berechne.

·	0,7	−5	−1,4	8,6
23				
−9,8				

8 Berechne.

:	0,2	−6	0,8	−0,03
24				
−50,4				

9 Herr Hopp hat 564 € Schulden auf seinem Konto. Er zahlt 750 € ein. Berechne den neuen Kontostand.

Der neue Kontostand beträgt ______.

10 Frau Lück hebt 630 € von ihrem Konto ab. Nun hat sie 285 € Schulden. Berechne den alten Kontostand.

Der alte Kontostand betrug ______.

☑ zu 1; 3; 4

−433,52; −418,64; −64,72; −3,3; −2,4; −1,6; −0,7; 0,4; 0,5; 1,4; 2,3; 4,4; 11,6

zu 5 und 6

Brüche addieren/subtrahieren
(1) Brüche gleichnamig machen
(2) Zähler addieren/subtrahieren, Nenner beibehalten
(3) Wenn möglich,
– kürzen
– in gemischte Zahl umwandeln

Brüche multiplizieren
Zähler mal Zähler, Nenner mal Nenner

Brüche dividieren
Mit Kehrbruch multiplizieren

☑ zu 5 bis 10

−800; −252; −115; −84,28; −63; −32,2; −6,86; −4; $-2\frac{1}{12}$; $-2\frac{1}{30}$; $-1\frac{1}{12}$; $-1\frac{1}{60}$; $-\frac{13}{36}$; $-\frac{14}{45}$; $-\frac{1}{6}$; $-\frac{3}{20}$; $-\frac{3}{20}$; $\frac{1}{3}$; $\frac{2}{5}$; $\frac{5}{12}$; $\frac{2}{3}$; $1\frac{4}{15}$; $1\frac{4}{15}$; $1\frac{5}{9}$; $2\frac{7}{18}$; *8,4; 13,72; 16,1; 30; 49; 120; 186; 197,8; 345; 1680*

3.1 Übertrage die Tabelle ins Heft. Berechne die fehlenden Werte.

	alter Kontostand	Buchung	neuer Kontostand
a)	216,75 €	−503,29 €	
b)	−534,63 €		365,87 €
c)		−170,98 €	−241,35 €
d)		+324,63 €	−182,06 €

5.1 Berechne.
a) 4,2 + (+6,1) b) −0,7 + (−3,6) c) −9,2 + (−7,8)

6.1 Berechne.
a) −9,2 − (−7,8) b) $-5\frac{3}{4} - \left(-7\frac{1}{4}\right)$ c) $6\frac{1}{8} + (-6{,}125)$

7.1 Berechne.
a) 4,3 · (−0,7) b) −5,7 · (+0,08) c) $-\frac{2}{3} \cdot \left(+\frac{3}{5}\right)$

8.1 Berechne.
a) 0,12 : (−0,3) b) $\frac{3}{8} : \left(-\frac{9}{4}\right)$ c) $-1\frac{1}{4} : \left(+2\frac{1}{2}\right)$

9.1 Bevor Frau Bertel 1250 € auf ihr Konto einzahlte, hatte sie 479 € Schulden. Berechne den neuen Kontostand.

1 Rationale Zahlen bestimmen ☹ 😐 ☺

Notiere die Zahlen.

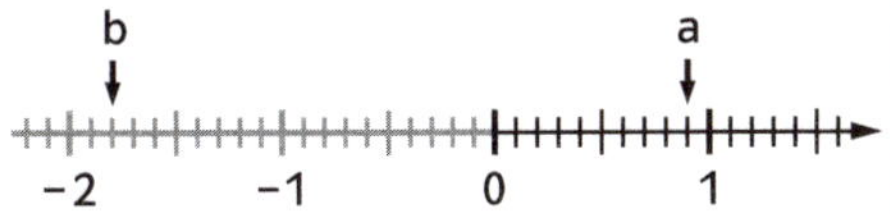

a) ________ b) ________

Notiere die Zahlen.

a) ________ b) ________

Notiere die Zahlen.

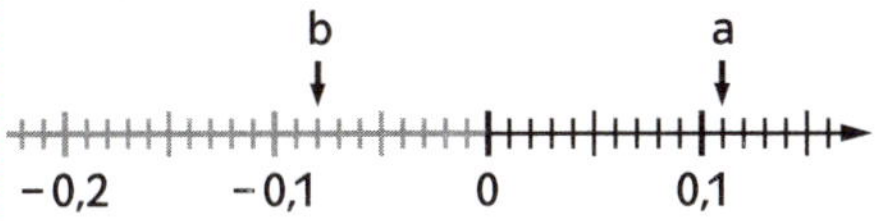

a) ________ b) ________

2 Rationale Zahlen vergleichen ☹ 😐 ☺

Vergleiche.
Setze passend >; <; = ein.

a) $4{,}5 \;\square\; 4\frac{1}{2}$ b) $0{,}9 \;\square\; -0{,}9$

c) $-9{,}6 \;\square\; 0{,}1$ d) $-\frac{1}{3} \;\square\; 3{,}1$

Vergleiche.
Setze passend >; <; = ein.

a) $2{,}8 \;\square\; -7{,}9$ b) $-\frac{3}{11} \;\square\; -\frac{7}{11}$

c) $-6{,}4 \;\square\; -6\frac{2}{5}$ d) $-2{,}1 \;\square\; 1{,}25$

Vergleiche.
Setze passend >; <; = ein.

a) $-0{,}4 \;\square\; -\frac{2}{5}$ b) $0{,}01 \;\square\; -\frac{1}{100}$

c) $-3\frac{1}{2} \;\square\; -3{,}4$ d) $-\frac{3}{20} \;\square\; -\frac{3}{25}$

3 Rationale Zahlen ordnen ☹ 😐 ☺

Ordne nach der Größe.

3,1; −1,8; −0,5

________ < ________ < ________

Ordne nach der Größe.

−24,6; −24,5; −25

________ < ________ < ________

Ordne nach der Größe.

$-\frac{2}{3}$; −0,8; $-\frac{5}{6}$

________ < ________ < ________

4 Rationale Zahlen addieren ☹ 😐 ☺

a) $8{,}4 + (-5{,}3) =$ ________

b) $-9{,}7 + (+6{,}4) =$ ________

a) $5{,}2 + (-8{,}1) =$ ________

b) $-\frac{8}{15} + \left(-\frac{5}{6}\right) =$ ________

a) $8{,}3 + \left(-4\frac{1}{2}\right) =$ ________

b) $7\frac{2}{5} + (-6{,}9) =$ ________

5 Rationale Zahlen subtrahieren ☹ 😐 ☺

a) $17{,}3 - (+29{,}5) =$ ________

b) $-8{,}4 - (+6{,}7) =$ ________

a) $14{,}5 - (+9{,}6) =$ ________

b) $3\frac{2}{3} - \left(-1\frac{1}{6}\right) =$ ________

a) $4{,}7 - \left(-9\frac{1}{4}\right) =$ ________

b) $-5\frac{3}{8} - (+6{,}5) =$ ________

6 Rationale Zahlen multiplizieren ☹ 😐 ☺

a) $1{,}4 \cdot (-5) =$ ________

b) $-2{,}3 \cdot (+0{,}6) =$ ________

a) $-6{,}3 \cdot (+0{,}8) =$ ________

b) $\frac{4}{9} \cdot \left(-\frac{4}{5}\right) =$ ________

a) $8{,}4 \cdot \left(-\frac{1}{2}\right) =$ ________

b) $-1{,}8 : \left(-\frac{2}{5}\right) =$ ________

7 Rationale Zahlen dividieren ☹ 😐 ☺

a) $22 : (-4) =$ ________

b) $-3{,}6 : (+0{,}8) =$ ________

a) $4{,}8 : (-0{,}6) =$ ________

b) $-\frac{3}{4} : \left(-\frac{2}{3}\right) =$ ________

a) $-2{,}6 : \left(+\frac{3}{8}\right) =$ ________

b) $-3{,}7 : \left(-\frac{9}{10}\right) =$ ________

8 Sachaufgaben mit rationalen Zahlen berechnen ☹ 😐 ☺

Fülle die Tabelle aus.

alter Kontostand	Buchung	neuer Kontostand
a) 473,26 €	+ 58,51 €	
b) −248,29 €	−139,60 €	

Fülle die Tabelle aus.

alter Kontostand	Buchung	neuer Kontostand
a) 143,75 €	−341,16 €	
b) −495,48 €		−643,19 €

Fülle die Tabelle aus.

alter Kontostand	Buchung	neuer Kontostand
a) 703,66 €		−109,70 €
b)	−403,35 €	−297,36 €

Kreise zeichnen

1 Zeichne den Kreis um den Mittelpunkt.

a) M_1: r = 2 cm b) M_2: r = 1,5 cm

c) M_3: r = 1,8 cm

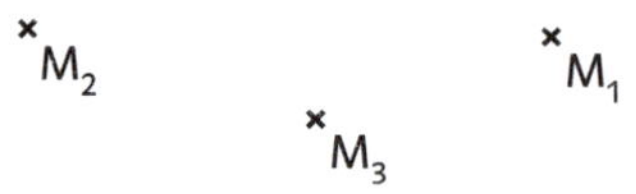

Kreis

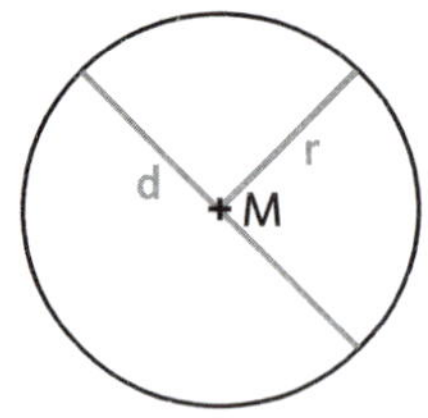

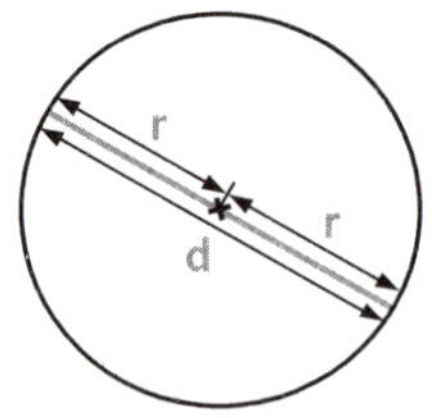

Mittelpunkt M
Durchmesser d
Radius r

d = 2 · r
Der Durchmesser d ist doppelt so lang wie der Radius r.

2 Setze das Muster weiter fort.

3 a) Zeichne um M einen Kreis mit dem Radius r = 2,3 cm.

b) Markiere auf der Kreislinie zwei Punkte A und B. Zeichne dazu die Radien.

c) Zeichne jeweils die Tangente senkrecht zum Radius.

d) Markiere auf der Kreislinie die Punkte C und D und zeichne die Tangenten.

4 ☆ a) Zeichne die Sehnen $\overline{AB}$ und $\overline{CD}$.

b) Konstruiere die Mittelsenkrechten zu den Sehnen $\overline{AB}$ und $\overline{CD}$ und markiere den Schnittpunkt S dieser beiden Mittelsenkrechten.

c) Überprüfe mit einem Zirkel, ob S Mittelpunkt des Kreises ist.

d) Zeichne eine weitere Sehne $\overline{EF}$ und konstruiere die Mittelsenkrechte.

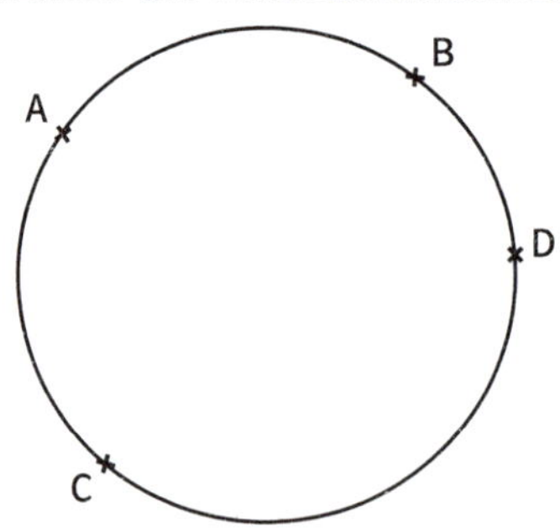

Kreis
Alle Punkte auf der Kreislinie haben vom Mittelpunkt M den gleichen Abstand.

Tangenten

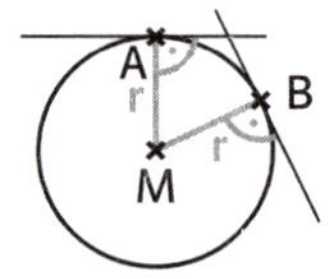

- berühren den Kreis in einem Punkt.
- sind senkrecht zum Radius.

Sehnen

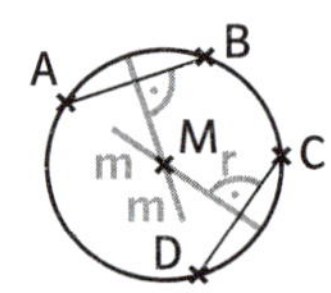

- verbinden zwei Punkte der Kreislinie.
- Die Mittelsenkrechten der Sehnen gehen durch den Mittelpunkt M.

i zu 5
Die Bedeutung der Begriffe findest du im Internet und in deiner Formelsammlung.

2.1 Übertrage das Muster in dein Heft und setze es bis zum Heftrand weiter fort.

4.1 ☆ Zeichne in einem Kreis mit r = 6,5 cm die Sehnen $\overline{AB}$, $\overline{CD}$ und $\overline{EF}$ und konstruiere die Mittelsenkrechten.

5 Wie viele gemeinsame Punkte können ein Kreis und eine Gerade haben? Zeichne alle Möglichkeiten und ordne folgende Begriffe zu: Sekante, Tangente und Passante.

Kreisumfang messen

1 Miss den Umfang u und den Durchmesser d verschiedener kreisförmiger Gegenstände. Trage die Werte in die Tabelle ein.

Gegenstand	d	u
Getränkedose		

Kreisumfang messen
Den Umfang von Kreisen und kreisförmigen Gegenständen kann man mit dem Lineal nicht direkt messen. Möglich ist:

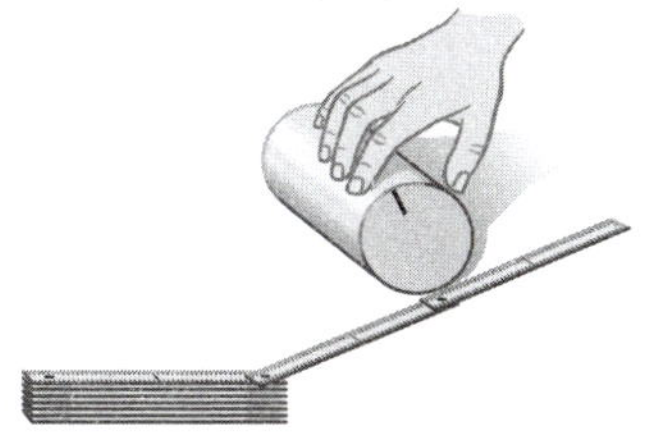
abrollen und messen

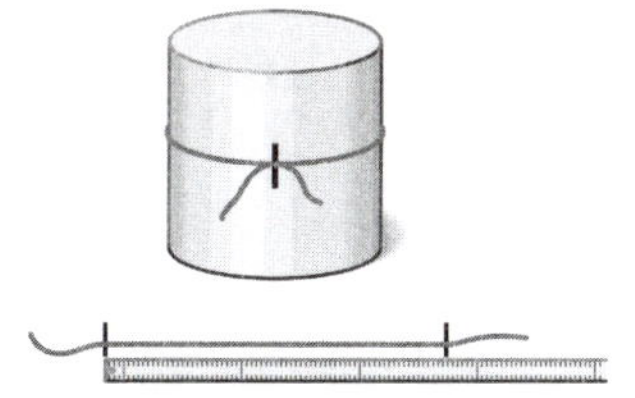
Band herumlegen, Länge messen

2 
Eine 2-€-Münze hat den Durchmesser $d \approx 26\,mm$ und den Umfang $u \approx 81\,mm$. Zeichne beide Längen.

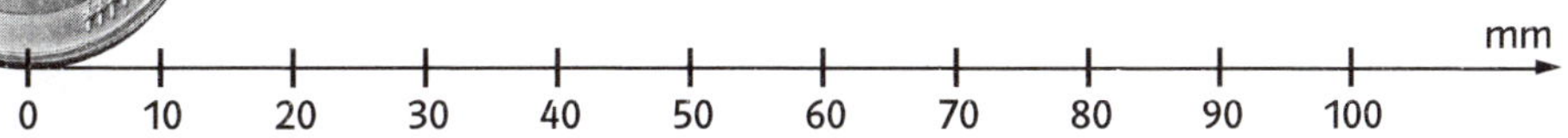

3 a) Schneide aus Pappe Kreise mit dem Durchmesser d. Markiere einen Randpunkt. Miss die Umfänge und trage die Werte in die Tabelle ein.

b) Bestimme den Quotienten u : d. Fällt dir etwas auf?

d	u	Quotient u : d
4 cm		
5 cm		

d	u	Quotient u : d
8 cm		
10 cm		

4 Der Durchmesser d und der Umfang u von Münzen wurde gemessen. Berechne jeweils den Quotienten u : d. Runde auf zwei Dezimalstellen.

	Münze	d	u	Quotient u : d
a)	1 Cent	16,25 mm	51,05 mm	
b)	2 Cent	18,75 mm	58,90 mm	
c)	5 Cent	21,25 mm	66,75 mm	

	Münze	d	u	Quotient u : d
d)	10 Cent	19,75 mm	62,05 mm	
e)	20 Cent	22,25 mm	69,90 mm	
f)	1 Euro	23,25 mm	73,05 mm	

5 Die Zuordnung *Durchmesser → Umfang* ist proportional. Der Quotient u : d ist eine konstante Zahl. Man nennt sie π.

Welche Zahl gibt dein Taschenrechner für π aus? ______

6 Wie ändert sich der Umfang u, wenn man den Durchmesser d verdoppelt?

Der Umfang ______

i

2-€-Münze
Durchmesser: 25,75 mm
Dicke: 2,20 mm
Gewicht: 8,50 g

Die Kreiszahl π
π (sprich: Pi) ist eine mathematische Konstante.
π beschreibt das Verhältnis des Umfangs eines Kreises zu seinem Durchmesser.

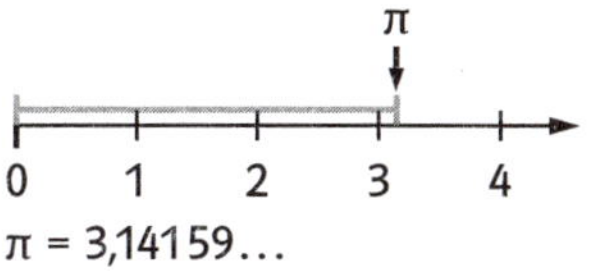

$\pi = 3{,}14159\ldots$

1.1 Miss den Umfang und den Durchmesser verschiedener kreisförmiger Gegenstände. Trage in eine Tabelle ein.

2.1 Eine 1-€-Münze hat den Durchmesser $d \approx 23\,mm$ und den Umfang $u \approx 74\,mm$. Zeichne beide Längen.

3.1 Schneide aus Pappe Kreise mit dem Durchmesser 14 cm und 7 cm aus. Miss die Umfänge und bestimme den Quotienten u : d. Trage die Werte in eine Tabelle ein.

4.1 Der Durchmesser d und der Umfang u von Rädern wurden gemessen. Berechne jeweils den Quotienten u : d.
a) 20-Zoll-Rad; d = 50,80 cm; u = 159,60 cm
b) 26-Zoll-Rad; d = 66,04 cm; u = 207,50 cm
c) 28-Zoll-Rad; d = 71,12 cm; u = 223,45 cm

7 Wie verändert sich der Umfang, wenn man den Durchmesser halbiert, verdreifacht oder verzehnfacht? Erkläre.

Kreisumfang berechnen

1 Berechne den Umfang u des Kreises.

	a)	b)
(1)	d = 3,0 cm	r = 5,0 cm
(2)	u = π · d	u = 2 · π · r
(3)	u = =	

Umfang u von Kreisen berechnen

(1) Gegebene Werte notieren	d = 5,2 cm
(2) Formel notieren	u = π · d
(3) Werte einsetzen, berechnen	u = π · 5,2 cm ≈ 16,3 cm

2 Berechne den Umfang u des Kreises.

	a)	b)	c)	d)	e)
(1)	d = 8,0 cm	d = 4,5 cm	r = 14,5 cm	r = 8,5 cm	d = 0,75 cm
(2)					
(3)					

3 Berechne den Umfang u der Kreise in Figur 1.

	a)	b)	c)
(1)			
(2)			
(3)			

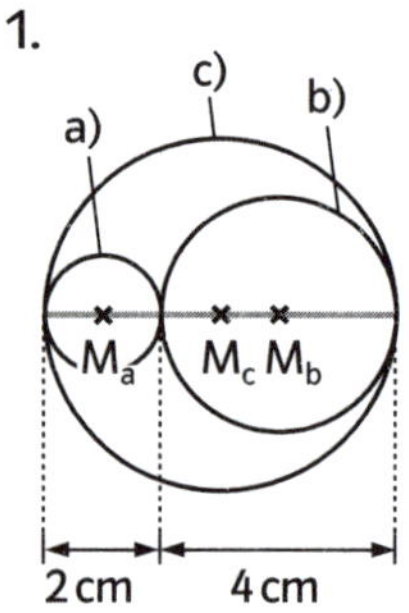

Figur 1

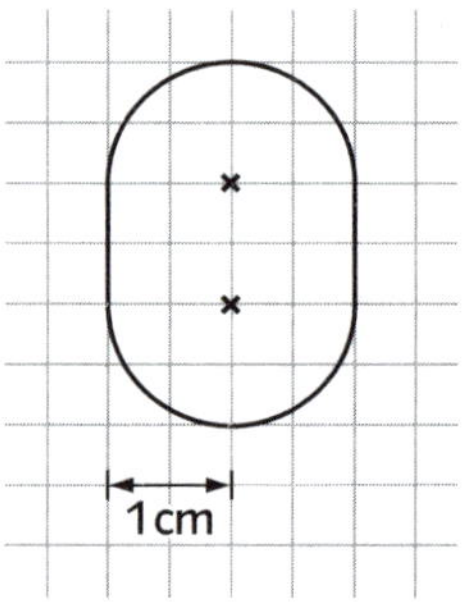

Figur 2

4 Ein 26er-Rad hat einen Durchmesser von rund 66 cm. Wie viel Meter legt das Rad bei einer Umdrehung zurück?

(1) ______

(2) ______

(3) ______

5 ☆ Berechne den Umfang u der Figur 2.

Kreisumfang
u = π · d
u = 2 · π · r

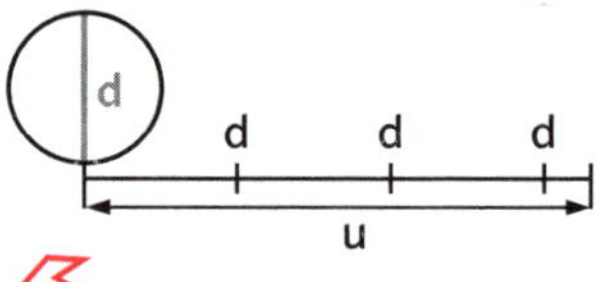

Runde die Ergebnisse sinnvoll.

zu 4
1 Zoll = 1″ ≈ 2,54 cm
26 Zoll = 26″ ≈ 66,04 cm

Zoll (inch)
ist eine englische/amerikanische Maßeinheit, die auch bei uns in einigen Bereichen (z. B. Bildschirmdiagonale) verwendet wird.

zu 1 bis 5
2,07; 2,36; 6,3; 8,3; 9,4; 12,6; 14,1; 18,8; 25,1; 31,4; 53,4; 91,1

1.1 Berechne den Umfang u des Kreises.
a) d = 8 cm b) d = 11 cm c) d = 20 cm
d) d = 5,5 cm e) d = 8,2 cm f) d = 3,20 m
g) r = 7 cm h) r = 14,5 cm i) r = 1,75 m

4.1 Ein 20er-Rad (Durchmesser d = 20″) macht 500 Umdrehungen. Wie viel Meter werden zurückgelegt?

4.2 Uwe hat mit seinem Fahrrad 1240 km zurückgelegt. Wie viele Umdrehungen hat das 26er-Rad gemacht?

5.1 ☆ Berechne den Umfang
a) der Figur 3. b) der Figur 4. c) der Figur 5.

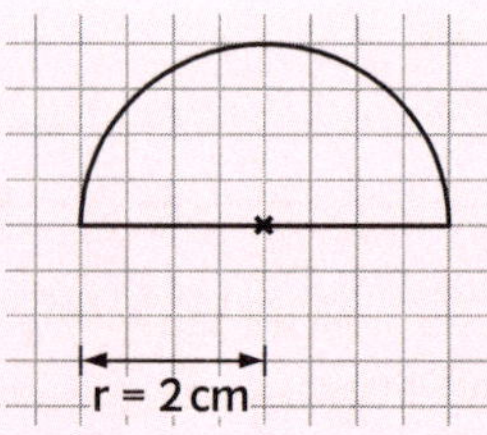

Figur 3

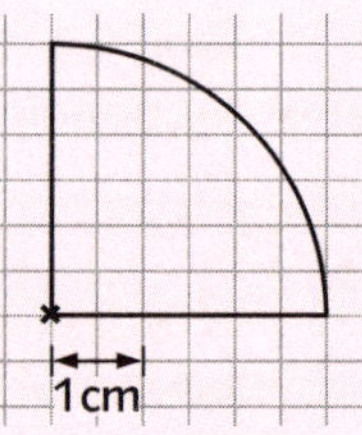

Figur 4

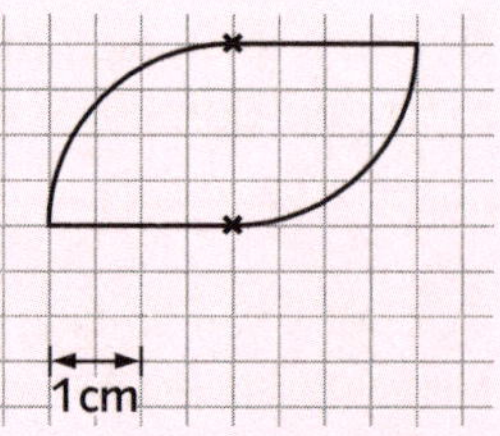

Figur 5

6 Von zwei Kreisen hat Kreis (1) den doppelten Umfang wie Kreis (2). In welchem Verhältnis stehen die beiden Radien dieser beiden Kreise?

Flächeninhalt von Kreisen berechnen

1 Berechne den Flächeninhalt A des Kreises.

	a)	b)
(1)	$r = 4{,}0\,cm$	$r = 7{,}0\,cm$
(2)	$A = \pi \cdot r^2$	$A = \pi \cdot r^2$
(3)	A = =	

Flächeninhalt A von Kreisen berechnen

(1) Gegebene Werte notieren	$r = 2{,}5\,cm$
(2) Formel notieren	$A = \pi \cdot r^2$
(3) Werte einsetzen, berechnen	$A = \pi \cdot (2{,}5\,cm)^2$ $\approx 19{,}6\,cm^2$

2 Berechne den Flächeninhalt A des Kreises.

	a)	b)	c)	d)	e)
(1)	$r = 5{,}0\,cm$	$r = 3{,}4\,cm$	$d = 12{,}0\,cm$	$d = 6{,}4\,cm$	$r = 3{,}25\,m$
(2)					
(3)					

3 Berechne den Flächeninhalt A des Kreises.

	a)	b)	c)
(1)			
(2)			
(3)			

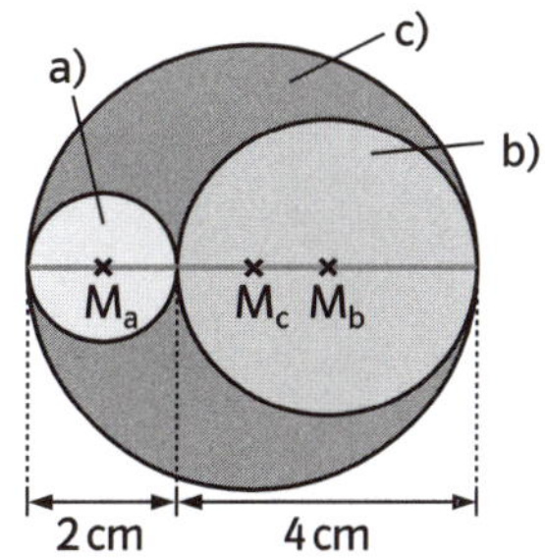

4 Eine Tischplatte hat die Form eines Kreises. Der Durchmesser ist 1,25 m. Berechne den Flächeninhalt A.

5 ☆ Berechne den Flächeninhalt A der Figur.

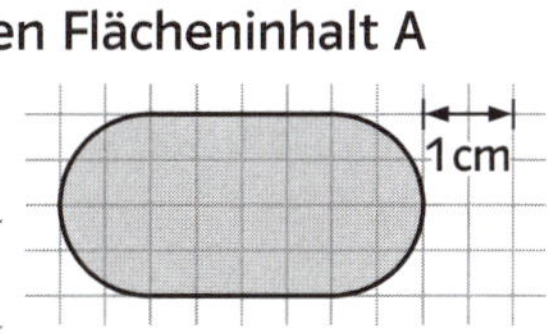

Flächeninhalt des Kreises

$A = \pi \cdot r^2$

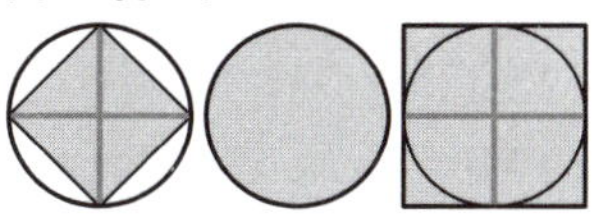

$2 \cdot r^2 < \pi \cdot r^2 < 4 \cdot r^2$

Runde die Ergebnisse sinnvoll.

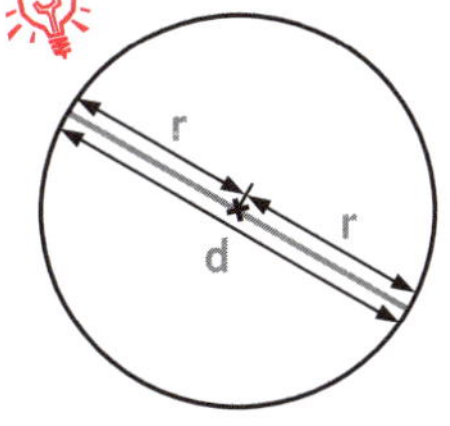

$r = \frac{d}{2}$

$d = 2 \cdot r$

zu 5
Zerlege die Figur in Teilfiguren.

zu 1 bis 5
1,23; 3,1; 7,1; 12,6; 28,3; 32,2; 33,18; 36,3; 50,3; 78,5; 113,1; 153,9

2.1 Berechne den Flächeninhalt A des Kreises.

a) $r = 3\,cm$ b) $r = 0{,}7\,m$ c) $r = 8{,}2\,cm$
d) $r = 55\,cm$ e) $r = 1{,}20\,m$ f) $r = 15\,m$
g) $d = 9\,cm$ h) $d = 14{,}4\,cm$ i) $d = 0{,}8\,m$

4.1 Das Zifferblatt einer Küchenuhr hat einen Radius von 12 cm. Berechne den Flächeninhalt des Zifferblattes.

4.2 Ein Bierdeckel hat einen Durchmesser von 108 mm. Berechne den Flächeninhalt.

5.1 ☆ Berechne den Flächeninhalt
a) der Figur 1. b) der Figur 2. c) der Figur 3. d) der Figur 4.

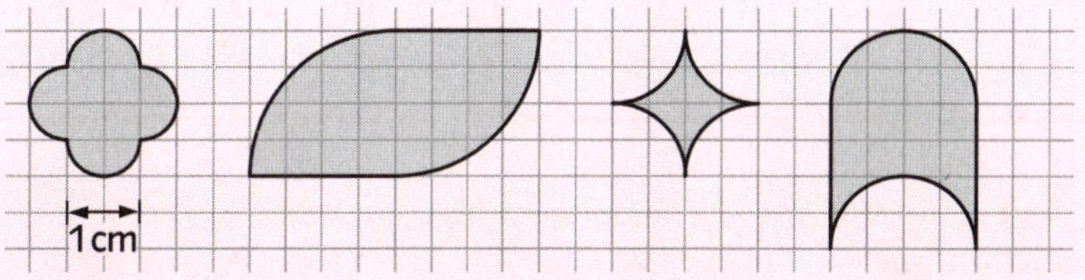

Figur 1 Figur 2 Figur 3 Figur 4

6 Von zwei Kreisen hat Kreis (1) den vierfachen Flächeninhalt von Kreis (2).
In welchem Verhältnis stehen die beiden Radien dieser Kreise zueinander?

Bunte Mischung

1 a) Berechne den Umfang u des großen Kreises ①.

b) Berechne den Umfang u eines der kleinen Kreise ② oder ③.

2 a) Berechne den Flächeninhalt A des großen Kreises ①.

b) Berechne den Flächeninhalt A der beiden kleinen Kreise ② + ③.

c) Vergleiche die Flächeninhalte aus a) und b).

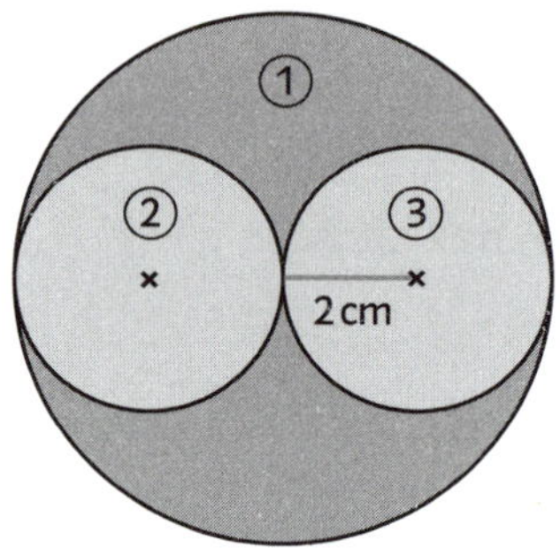

3 Berechne

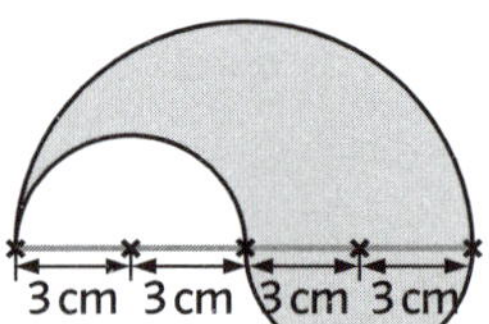

a) den Flächeninhalt A.

b) den Umfang u.

4 a) Berechne den Flächeninhalt A des Zifferblattes rechts.

b) Berechne die Weglänge, die die Spitze des großen Zeigers in 1 Stunde beschreibt.

c) Berechne die Weglänge, die der kleine Zeiger an 1 Tag beschreibt.

5 ☆ Die Erde hat einen Halbmesser von 6370 km, die Sonne von 695 300 km. Berechne den Umfang. Runde sinnvoll.

u_{Erde} =

u_{Sonne} =

6 ☆ Der „Big Tree" hat einen Umfang von 20,60 m.

a) Welchen Durchmesser hat der Baum?

b) Wie groß ist die Schnittfläche?

Kreis

Flächeninhalt
$A = \pi \cdot r^2$

Umfang
$u = \pi \cdot d$

zu 4

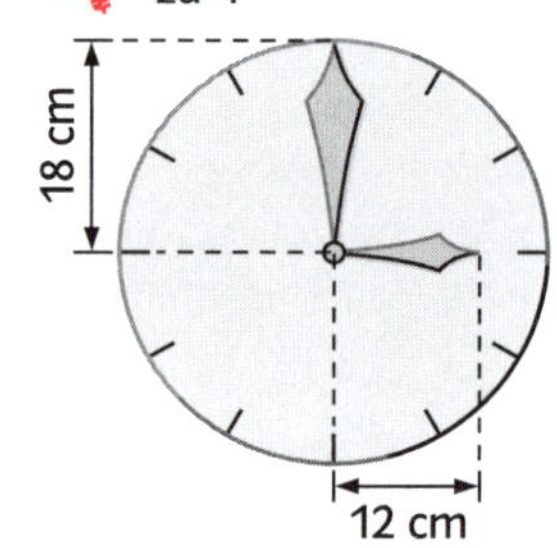

zu 5
Halbmesser ist der halbe Durchmesser.

zu 6
„Big Tree" steht in Kalifornien (USA). Er soll der „dickste" Baum der Welt sein.

zu 3 bis 6
6,56; 33,80; 37,6; 56,5; 113,1; 150,8; 1017,9; 40 020; 4 368 700

3.1 Berechne den Flächeninhalt A und den Umfang u
a) der Figur 1. b) der Figur 2. c) der Figur 3.

7 Das Rad einer E-Lok hat einen Durchmesser von 1,25 m. Wie oft dreht sich das Rad auf einer Strecke von 10 km?

8 ☆ a) Maren will einen runden Bierdeckel (d = 10,8 cm) beidseitig mit Folie bekleben. Wie viel cm² Folie benötigt sie?
b) Sie schneidet die Folie aus einem rechteckigen Bogen (15 cm × 30 cm) aus. Wie groß ist der Verschnitt?

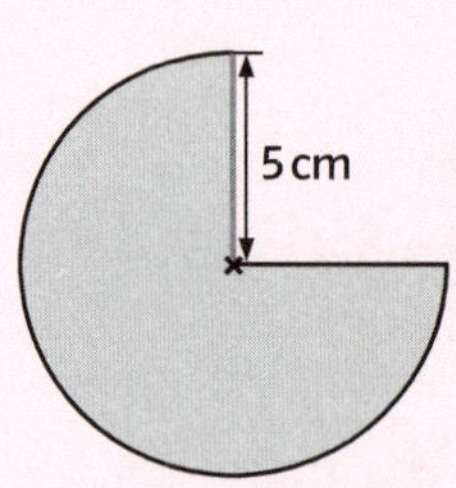

Figur 1

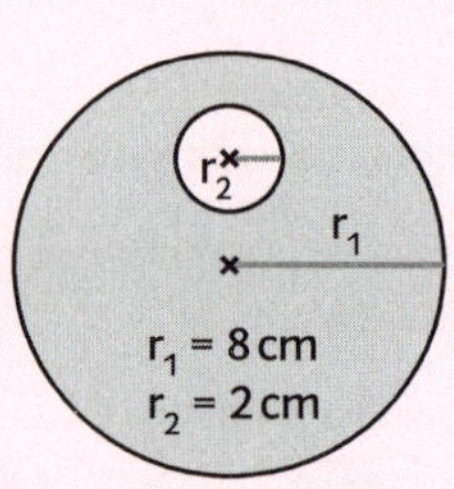

Figur 2

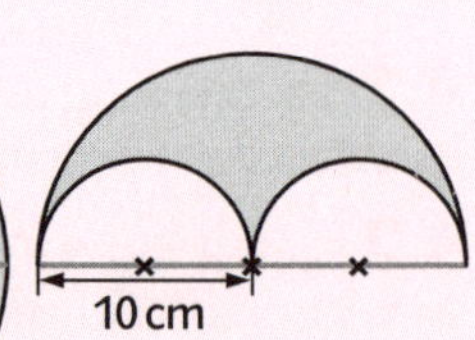

Figur 3

1 Kreise und Kreislinien zeichnen ☹ 😐 ☺

Zeichne den Kreis um M mit dem Radius r = 2,5 cm.

×M

Zeichne den Kreis mit r = 2,0 cm. Markiere auf der Kreislinie einen Punkt A und zeichne die Tangente.

Zeichne die Sehnen $\overline{AB}$ und $\overline{CD}$. Konstruiere den Mittelpunkt M des Kreises.

2 Kreisumfang berechnen ☹ 😐 ☺

Berechne den Umfang u des Kreises. Durchmesser d = 3,2 cm

Berechne den Umfang u des Kreises. Radius r = 1,8 cm

Berechne den Umfang u der Figur. d = 4,0 cm

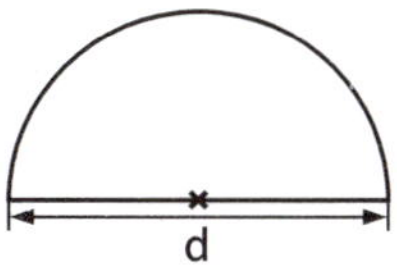

3 Flächeninhalt von Kreisen berechnen ☹ 😐 ☺

Berechne den Flächeninhalt A des Kreises. Radius r = 1,6 cm

Berechne den Flächeninhalt A des Kreises. Durchmesser d = 6,2 cm

Berechne den Flächeninhalt A der Figur. d = 5,0 cm

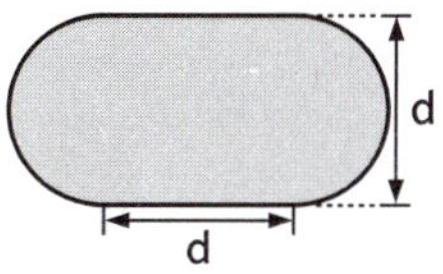

4 Umfang und Flächeninhalt von Kreisteilen berechnen ☹ 😐 ☺

Berechne den Flächeninhalt A der Figur.
r = 2,0 cm

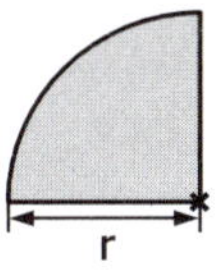

Berechne den Umfang u der Figur.
r = 2,0 cm

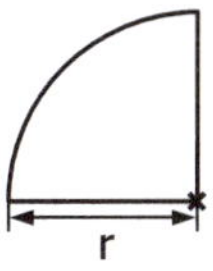

Berechne den Flächeninhalt A und den Umfang u der Figur.
r = 10 cm

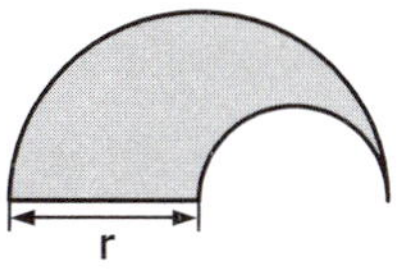

A =

u =

5 Sachaufgaben zu Kreisen berechnen ☹ 😐 ☺

Berechne den Flächeninhalt A und den Umfang u eines Bierdeckels mit dem Radius r = 5,4 cm.

Wie viele Umdrehungen macht ein 26er-Rad (d = 65 cm) bei einer 25 km Fahrradtour?

Quadrat und Kreis haben den gleichen Umfang u von jeweils 20 cm. Wer hat den größeren Flächeninhalt?

Terme aufstellen und berechnen

1 Stelle die Terme auf.

a) Summe aus x und 3 ______

b) Differenz aus 4 und y ______

c) Produkt aus 0,5 und a ______

d) Quotient aus b und 2 ______

Terme aufstellen und berechnen	Das Dreifache von a, vermindert um 2 a = 3	Die Hälfte der Summe von b + 4 b = 6
(1) Term aufstellen	$3 \cdot a - 2$	$\frac{1}{2} \cdot (b + 4)$
(2) Werte für Variable einsetzen, Term berechnen	$3 \cdot 3 - 2$ $= 7$	$\frac{1}{2} \cdot (6 + 4)$ $= 5$

2 a) Das Doppelte der Summe $y + 3$

b) Das Doppelte von y, vermehrt um 3

c) Der 3. Teil von x, vermindert um 5

d) Der 3. Teil der Differenz $x - 5$

3 ☆ a) Das Produkt aus 4 und der Differenz aus a und 2b

b) Die Differenz aus 4a und 2b

c) Die Summe aus 6b und dem Quotienten aus a und 3

d) Der Quotient aus der Summe $6a + b$ und 3

4 Berechne die Terme.

y	$2y - 3$	$2(y - 3)$	$2y - 6$
4			
3			
−3			

5 ☆ Berechne die Terme.

a	b	$(4a + b) \cdot \frac{1}{2}$	$4a + b \cdot \frac{1}{2}$
4	2		
2	4		
−4	2		

6 Bei einer Fahrt mit dem Taxi zahlt man für jeden gefahrenen Kilometer 1,50 € und eine Grundgebühr von 2,00 €.

a) Stelle einen Term auf

für 10 km Fahrt: $10 \cdot 1{,}50$ € + ______

für 24 km Fahrt: ______

für x km Fahrt: ______

b) Berechne die Kosten für die Fahrten.

für x km Fahrt: $x \cdot$ ______

für 8 km Fahrt: ______

für 5 km Fahrt: ______

für 6,8 km Fahrt: ______

für 0,9 km Fahrt: ______

zu 1 bis 3

Summe
$2x + 3$
Differenz
$6 - 3y$
Produkt
$4 \cdot (2 - a)$
Quotient
$(x + 6) : 3$

Verkürzte Schreibweise
$4 \cdot x = 4x$
$(-3) \cdot y = -3y$
$1 \cdot z = z$
$-1 \cdot a = -a$

Rechenregeln
- Klammern werden zuerst berechnet
- Punktrechnung (· und :) **vor** Strichrechnung (+ und −)

1.1 Stelle die Terme auf.
a) Das Doppelte von x
b) Die Hälfte von y
c) a vermehrt um 4
d) 6 vermindert um x
e) Differenz aus 5 und y
f) Produkt aus 3 und x
g) Quotient aus a und 0,8
h) Summe aus b und 0,5

2.1 a) Das 3-Fache der Differenz $a - 4$
b) Das 3-Fache von a, vermindert um 4
c) Die Hälfte von b, vermehrt um 5

3.1 ☆ a) Differenz aus dem Produkt $a \cdot 3$ und b
b) Summe aus x und dem Quotienten aus y und 2
c) Produkt aus 2 und der Summe aus 3a und 6

4.1 Lege Tabellen im Heft an. Setze für x nacheinander die Zahlen 2; −2; 4; −4; 1; −1; 0 ein. Berechne die Terme.

a)

x	$3x + 4$	$3(x + 4)$	$3x + 12$
2			
−2			

b)

x	$10 - x : 2$	$(10 - x) : 2$	$5 - x : 2$
2			
−2			

5.1 ☆ Lege Tabellen an. Setze für (x | y) nacheinander (2 | 3); (4 | −4); (3 | 3); (−6 | 4); (0 | 2); (−1 | 1) ein. Berechne die Terme.

a)

(x | y)	$2x + y$	$2(x + y)$
(2 | 3)		
(4 | −4)		

b)

(x | y)	$3x + y : 2$	$(3x + y) : 2$
(2 | 3)		
(4 | −4)		

Summen und Differenzen vereinfachen

1 Vereinfache die Terme.

a) $x + x + x + x$ b) $y + y$

c) $x + x + y + y + y$ d) $xy + xy + xy$

Terme vereinfachen

	$5x + 1 - 2x$	$4b - 5a - 2b + 2a$
(1) Ordnen	$= 5x - 2x + 1$	$= -5a + 2a + 4b - 2b$
(2) Zusammenfassen	$= 3x + 1$	$= -3a + 2b$

2 a) $a + a - a + b + b$ b) $x + x + y - y + 5$ c) $a + b + b + b - b + 5 - 8$

d) $a + 5 + a + 7 - a$ e) $x - 3 + x + x - y$ f) $x - y + y + x - 3 + x$

3 a) $5x + 4 - 2x$ b) $4x + 5 - 6x - 2$ c) $3 - 2x - 7 + 5x$

(1) (1) (1)

(2) (2) (2)

4 a) $2x + 3y - 4x - y$ b) $5y - 4x + 5x - 4y$ c) $-6x + 3y + 4x - 5y$

(1) (1) (1)

(2) (2) (2)

5 a) $\frac{1}{2}a + \frac{3}{4} + \frac{1}{4}a - \frac{1}{2}$ b) $-2a + 0{,}75b - 0{,}5a$ c) $-\frac{3}{4}a + \frac{1}{2}b + \frac{3}{2}a - \frac{3}{4}b$

(1) (1) (1)

(2) (2) (2)

6 ☆ $2xy - 4xz - 6xy + 4 - 2xz - 5$

(1)

(2)

7 Stelle den Term für den Umfang der Figur auf.

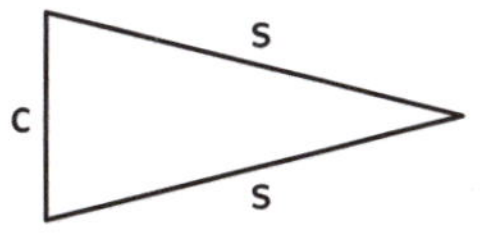

u =

zu 1
Zusammenfassen
$x + x + x = 3x$
$x + y + y - x = 2y$
$ab + ab = 2ab$

zu 3
$5x + 8x = 13x$
$-5x + 8x = 3x$
$5x - 8x = -3x$
$-5x - 8x = -13x$

zu 3 und 4
$3x - 4$; $3x + 4$; $x + y$; $-2x - 2y$; $-2x + 3$; $-2x + 2y$

zu 5
$\frac{3}{4}a - \frac{1}{4}b$; $\frac{3}{4}a + \frac{1}{4}$; $-2{,}5a + 0{,}75b$

1.1 a) $x + x + x + x + x$ b) $y + y + y + y$
c) $x + x + x + y + y$ d) $a + a + a + b + b + b$

2.1 a) $x + x + x - x - x$ b) $y + y - y + 5 - 3$
c) $x + x - x + y + y - 2 - 3$ d) $a - a + b + b - b + 5$

3.1 a) $6x + 3 - 2x$ b) $2y - 4 - 5y$
c) $7 + 5z - 4 + 2z$ d) $-2a - 3 + 5a + 6$
e) $-3b - 10 - 4b + 8$ f) $4 + 3c - 6 - 7c$

4.1 a) $3x + 4 - 3x - 3$ b) $2y - 3 - 3y + 2$
c) $-3 + z + 6 - 2z - 3$ d) $5x + 5y - 5x - 5y + 5$
e) $20 - 10 - a - 10 + a$ f) $a + b - 2a - 2b - 2$

5.1 a) $\frac{1}{2}x - 1 + \frac{1}{4}x$ b) $-\frac{1}{2}x + \frac{1}{2}y - \frac{1}{4}x - \frac{1}{4}y$
c) $\frac{2}{5}x - \frac{3}{4}y + \frac{3}{4}x + \frac{2}{5}y$ d) $0{,}8x - 1{,}2 - 1{,}2x$
e) $2{,}5x - 3y + 1{,}8y$ f) $-0{,}1y + 0{,}1x + 0{,}01y$

6.1 ☆ a) $3xy - 5xz + 2xy - 5 + 2xz + 3$
b) $ab + 2ac + 3bc - 3ab - 2ac - bc$
c) $0{,}5xy + 5 - xz - 10 - xy + xz$
d) $0{,}75ab + cd - ab - 0{,}75cd + 1$

7.1 Stelle den Term für den Umfang des Vierecks auf.

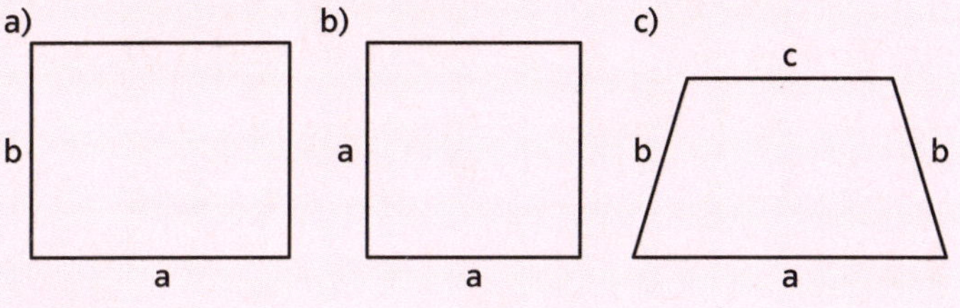

8 Der Term wurde falsch umgeformt. Erkläre den Fehler.
a) $-3x - 3y + 3x = 6x - 3y$ b) $4 + 2a - 4b + 4a - 2 = 2a + 2$

Produkte vereinfachen

1 Vereinfache die Terme.

a) $y \cdot y \cdot y \cdot y \cdot y$ b) $x \cdot x \cdot x \cdot y \cdot y$

c) $x^3 \cdot x \cdot y^2 \cdot y$ d) $a \cdot a^4 \cdot b^2 \cdot b^3$

Produkte vereinfachen

	$3 \cdot a \cdot b \cdot a \cdot (-2)$	$0{,}5 \cdot x^2 \cdot y \cdot x \cdot y \cdot 6$
(1) Ordnen	$= 3 \cdot (-2) \cdot a \cdot a \cdot b$	$= 0{,}5 \cdot 6 \cdot x^2 \cdot x \cdot y \cdot y$
(2) Zusammenfassen	$= -6a^2b$	$= 3x^3y^2$

2 a) $2 \cdot x \cdot (-4) \cdot x \cdot x$ b) $-2 \cdot x \cdot x \cdot x \cdot (-4)$ c) $4 \cdot x \cdot x \cdot (-2)$

(1) (1) (1)

(2) (2) (2)

3 a) $3 \cdot x^2 \cdot y \cdot x \cdot (-2)$ b) $-3 \cdot y^2 \cdot x \cdot 2 \cdot x$ c) $-2 \cdot y \cdot x^2 \cdot 3 \cdot y \cdot x$

(1) (1) (1)

(2) (2) (2)

4 Vereinfache. Denke ans Kürzen.

a) $-\frac{2}{3}a^3 \cdot \frac{9}{8}a^2$ b) $\frac{5}{12}a^2 \cdot \frac{36}{20}a^2$ c) $-\frac{3}{16}a^2 \cdot (-4)a^3$

(1) (1) (1)

(2) (2) (2)

5 Stelle Terme für Umfang u und Flächeninhalt A auf.

a)

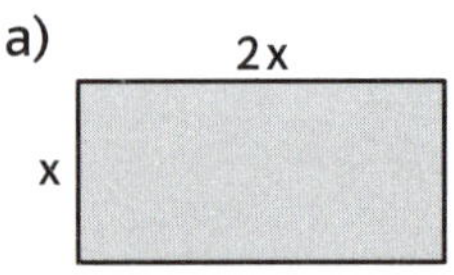

u =

A =

b)

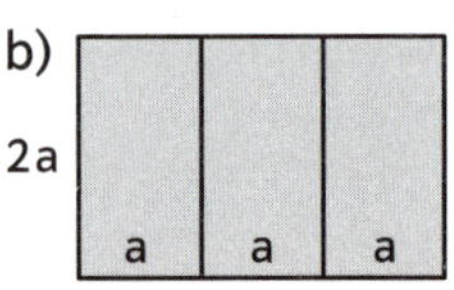

u =

A =

6 ☆ Vereinfache.

a) $4x^2x + xxx - 8xx^2$

(1) $= 4x^3 +$

(2)

b) $9aa^2 - 3aaa + 5a^2a$

(1)

(2)

Ordnen der Faktoren im Produkt:
1. Zahlfaktoren
2. Variablen in alphabetischer Reihenfolge

$5 \cdot a \cdot b \cdot (-3) \cdot a$
$= 5 \cdot (-3) \cdot a \cdot a \cdot b$
$= -15a^2b$

$5x \cdot 3 = 15x$
$5x \cdot (-3) = -15x$
$-5x \cdot 3 = -15x$
$-5x \cdot (-3) = 15x$

zu 2 bis 4
$-8x^3$; $-8x^2$; $-6x^2y^2$; $-6x^3y$; $8x^3$; $-6x^3y^2$; $-\frac{3}{4}a^5$; $\frac{3}{4}a^5$; $\frac{3}{4}a^4$

zu 6
$2aa + 3a^2$
$= 2a^2 + 3a^2$
$= 5a^2$

1.1 a) $x \cdot x \cdot x$ b) $y \cdot y \cdot y$ c) $a \cdot a \cdot b \cdot b \cdot b$
d) $c \cdot c \cdot c \cdot d \cdot d \cdot d$ e) $x^2 \cdot x \cdot y \cdot y^3$ f) $a \cdot a^3 \cdot b^2 \cdot b^3$

2.1 a) $3 \cdot x \cdot x \cdot 2$ b) $-4 \cdot y \cdot y \cdot 3 \cdot y$ c) $0{,}5 \cdot a \cdot a \cdot 6$
d) $-8x \cdot x \cdot x \cdot (-3)$ e) $0{,}4 \cdot c \cdot c \cdot 3$ f) $1{,}8 \cdot z \cdot (-2) \cdot z$

3.1 a) $2 \cdot x^3 \cdot x \cdot 3 \cdot x$ b) $-3 \cdot y^2 \cdot 2 \cdot y$
c) $-4 \cdot z^3 \cdot (-2) \cdot z$ d) $0{,}9 \cdot a \cdot 3 \cdot a^2$
e) $-1{,}5 \cdot b^3 \cdot 4 \cdot b$ f) $c^3 \cdot c \cdot (-1{,}4) \cdot c^2 \cdot (-2)$

3.2 a) $5 \cdot x^2 \cdot 2 \cdot x \cdot y^3$ b) $2 \cdot x \cdot y \cdot (-3) \cdot y \cdot x^3$
c) $x^2 \cdot y^3 \cdot x \cdot x \cdot y \cdot (-4)$ d) $a \cdot a^2 \cdot b^2 \cdot b \cdot a \cdot 2$
e) $10 \cdot a \cdot a^2 \cdot b^2 \cdot (-3)$ f) $1{,}7 \cdot a^2 \cdot b \cdot (-3) \cdot a \cdot b^3$

3.3 a) $\frac{1}{2} \cdot x^2 \cdot x \cdot 3 \cdot y^2$ b) $\frac{3}{4} \cdot x^2 \cdot y \cdot (-5) \cdot y^2$
c) $4 \cdot x \cdot x^3 \cdot \left(-\frac{1}{2}\right) \cdot y^2$ d) $\frac{2}{3} \cdot a^2 \cdot b \cdot 4 \cdot b^3$
e) $\frac{4}{5} \cdot a \cdot (-5) \cdot a^2 \cdot b$ f) $-\frac{1}{4} \cdot a \cdot a^2 \cdot b \cdot \left(-\frac{1}{2}\right) \cdot b^2$

4.1 Vereinfache. Denke ans Kürzen.
a) $\frac{2}{3}x^2 \cdot \frac{3}{2}x$ b) $-\frac{3}{4}x^2 \cdot 2x$ c) $\frac{12}{16}x^2 \cdot \left(-\frac{4}{3}\right)x^3$
d) $\frac{8}{9}x \cdot \left(-\frac{3}{4}\right)x^2y^3$ e) $\frac{15}{20}xy \cdot \frac{4}{5}xy^2$ f) $-\frac{10}{7}y^2x^3 \cdot \left(-\frac{7}{10}\right)xy$

5.1 Schreibe Umfang u und Flächeninhalt A des Vierecks auf.

a)

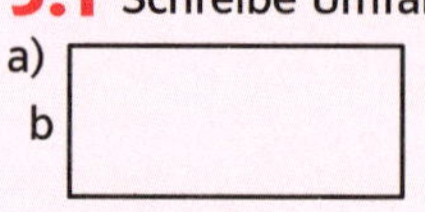

b)

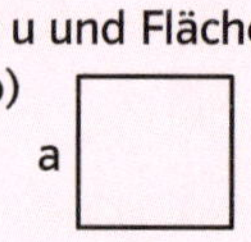

c)

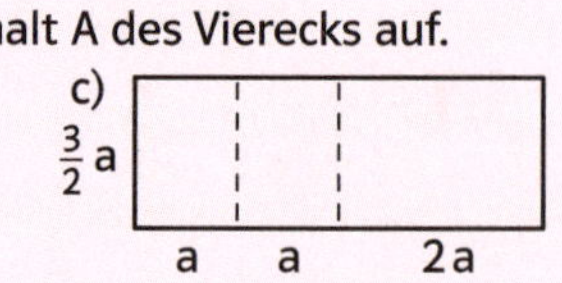

6.1 ☆ Vereinfache.
a) $3x^2 + 2xx + x^2$ b) $4y^3 - 2yyy + y^2y$
c) $z^2 + 2zz - 5z^2$ d) $4x^3 - 3xxx - x^2x$
e) $2y^2 + 2xx + 3yy - x^2$ f) $x^3 - yy + x^2x + y^2 - xx^2$

7 Der Term wurde falsch umgeformt. Erkläre den Fehler.
a) $3 \cdot x^2 \cdot 2 \cdot x = 6x^2$ b) $-5 \cdot a \cdot (-2) \cdot a^2 = -7a^3$

Summen und Differenzen multiplizieren

1 Berechne.

a	b	c	a · (b + c)	a · b + c	a · b + a · c
4	3	2			
3	4	2			
−3	4	2			
3	−4	2			

Summen und Differenzen multiplizieren

	$-2 \cdot (3 + 5y)$	$3 \cdot (z - 4)$
(1) Klammer auflösen	$= -2 \cdot 3 + (-2) \cdot 5y$	$= 3 \cdot z + 3 \cdot (-4)$
(2) Vereinfachen	$= -6 - 10y$	$= 3z - 12$

2 Multipliziere.

a) $4 \cdot (6 + 2y)$ b) $-5 \cdot (2x + 3)$

(1) ____ (1) ____

(2) ____ (2) ____

3 Multipliziere.

a) $2 \cdot (x - 3)$ b) $-4 \cdot (3y - 5)$

(1) ____ (1) ____

(2) ____ (2) ____

4 Multipliziere. Beachte die verkürzte Schreibweise.

a) $5(x + 6) =$ ____ b) $-4(y + 3) =$ ____

c) $\left(\frac{1}{2}b + 3\right) \cdot 4 =$ ____ d) $\left(4a - \frac{1}{2}\right) \cdot (-8) =$ ____

e) $(3a - 5) \cdot 2 =$ ____ f) $(2b - 6) \cdot (-5) =$ ____

g) $0{,}5(-8 - 4y) =$ ____ h) $-0{,}5(-8 + 7x) =$ ____

i) $-7(-3x + 0{,}1y) =$ ____ j) $(-2a + 4b) \cdot (-0{,}5) =$ ____

k) $(3a + 0{,}2) \cdot \frac{1}{2} =$ ____ l) $-\frac{1}{10}(x - 20y) =$ ____

5 Multipliziere.

a) $-(x + y)$ b) $-(x - y)$ c) $-(-x + y)$ d) $-(2x - 4)$

= ____ ____ ____ ____

= ____ ____ ____ ____

Distributivgesetz

$a \cdot (b + c) = a \cdot b + a \cdot c$

$3 \cdot (-4 + x) = -12 + 3x$

zu 4
Verkürzte Schreibweise
$5(x + 6) = 5 \cdot (x + 6)$

zu 5
$-(a + b)$
$= (-1) \cdot (a + b)$
$= -a - b$

1.1 Übertrage die Tabelle ins Heft und berechne.

a	b	c	a · (b + c)	a · b + c	a · b + a · c
3	2	4			
2	3	4			
−2	5	3			
4	−5	2			

2.1 Multipliziere.
a) $3 \cdot (x + 4)$ b) $-2 \cdot (y - 3)$ c) $4 \cdot (-2 + a)$
d) $-3 \cdot (-4 + b)$ e) $3 \cdot (2x + 4)$ f) $-4 \cdot (3y + 2)$

3.1 Multipliziere.
a) $4 \cdot (x - 3)$ b) $-3 \cdot (y - 5)$ c) $(a - 4) \cdot 2$
d) $(b - 6) \cdot (-3)$ e) $-4 \cdot (2x - 5)$ f) $(5y - 4) \cdot 6$

4.1 Multipliziere. Beachte die verkürzte Schreibweise.
a) $3(x + 2)$ b) $2(y - 4)$ c) $-4(x + 5)$
d) $(b - 7) \cdot (-3)$ e) $5(-3 + a)$ f) $(-2 - b) \cdot (-8)$

4.2 a) $2(3x + 4)$ b) $3(2y - 4)$ c) $-4(3x + 6)$
d) $(3x - 4) \cdot (-4)$ e) $6 \cdot (2x + 3y)$ f) $-4(3a - 5b)$

4.3 a) $0{,}8(z + 6)$ b) $-0{,}4(x + 3)$ c) $1{,}2(y - 4)$
d) $-2{,}5(a - 2)$ e) $-1{,}8(2x + 3)$ f) $4{,}8(-2 + 3y)$

4.4 a) $x(y + z)$ b) $x(y - z)$ c) $-x(y + z)$
d) $-x(y - z)$ e) $4a(2b + c)$ f) $3a(2b - 4c)$

5.1 a) $-(a + b)$ b) $-(a - b)$ c) $-(-a + b)$
d) $-(-a - b)$ e) $-(3a + 4)$ f) $-(2b - 5)$

6 Notiere den Flächeninhalt der Figur auf zwei Arten.
a) als Produkt (Multipliziere die Längen des großen Rechtecks.)
b) als Summe der Teilflächen

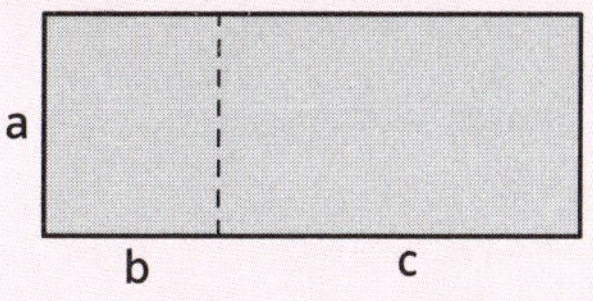

Klammerterme multiplizieren

1 Multipliziere.

a) $(a + b)(b - 3)$

b) $(r - 5)(s + 4)$

c) $(a - 2)(b - 2)$

Klammerterme multiplizieren

	$(3x + 2)(5y - 3)$	$(2a - 4)(5 + 3a)$
(1) Klammern auflösen	$= 15xy - 9x + 10y - 6$	$= 10a + 6a^2 - 20 - 12a$
(2) Ordnen	$= -9x + 10y + 15xy - 6$	$= 6a^2 + 10a - 12a - 20$
(3) Zusammenfassen		$= 6a^2 - 2a - 20$

2 Multipliziere. Achte auf die Vorzeichen.

a) $(3x + 4)(5y + 6)$

(1)

(2)

b) $(2x - 5)(7y + 3)$

c) $(4x + 1)(3y - 5)$

d) $(3y - 5)(5x - 3)$

3 Multipliziere. Achte auf die Vorzeichen.

a) $(3 + x)(x - 4)$

(1)

(2)

(3)

b) $(2y - 3)(2 - 3y)$

c) $(x - 4)(x + 2)$

d) $(2x - 3)(x - 2)$

Summe mal Summe
Multipliziere jeden Summanden der ersten Summe mit jedem Summanden der zweiten Summe.

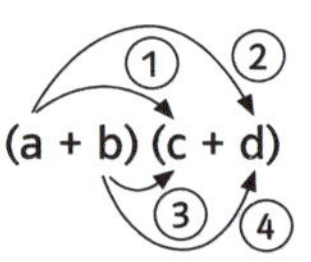

$= ac + ad + bc + bd$
(1) (2) (3) (4)

$(a + b)(c + d)$
$= ac + ad + bc + bd$

$(a - b)(c - d)$
$= ac - ad - bc + bd$

1.1 a) $(a + b)(c + d)$ b) $(a + b)(c - d)$
c) $(a - b)(c + d)$ d) $(a - b)(c - d)$
e) $(x - y)(x + y)$ f) $(u + v)(u - v)$

2.1 a) $(x + 3)(y - 4)$ b) $(x - 2)(y + 3)$
c) $(x + 4)(y - 3)$ d) $(x - 4)(y - 2)$
e) $(a + 3)(b - 5)$ f) $(m - 7)(n + 4)$

2.2 a) $(2x + 5)(y - 6)$ b) $(3x - 4)(y + 2)$
c) $(3y - 7)(x - 2)$ d) $(2y + 3)(3x - 4)$
e) $(0{,}4a + 3)(b + 1{,}2)$ f) $(1{,}2b - 8)(3 + 2a)$
g) $(2{,}5 - a)(2b - 5)$ h) $(a + 3{,}8)(-4 - 0{,}5b)$

3.1 a) $(2 + x)(x - 3)$ b) $(y - 4)(5 + y)$
c) $(x - 3)(x - 4)$ d) $(y + 6)(y - 3)$
e) $(2x + 3)(4 - x)$ f) $(4 + 3y)(-3 + y)$
g) $(3y - 4)(4y - 3)$ h) $(5z - 3)(-5 + 3z)$

3.2 a) $(a + 1)(2a + 3)$ b) $(2x - 4)(y - 3)$
c) $(3x - 4)(2 - 5y)$ d) $(2z - 6)(6z - 2)$
e) $(0{,}5x - 3)(4 + x)$ f) $(1{,}8y + 3)(y - 4)$
g) $(0{,}6a + 4)(2{,}5 - 3a)$ h) $(5a - 0{,}9)(7{,}5 + 3a)$

4 Notiere den Flächeninhalt der Figuren 1 bis 3 jeweils
a) als Produkt. b) als Summe der Teilflächen.

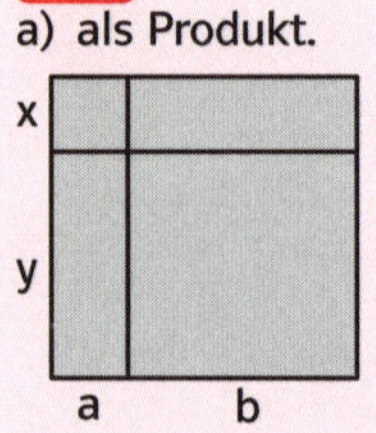

Figur 1

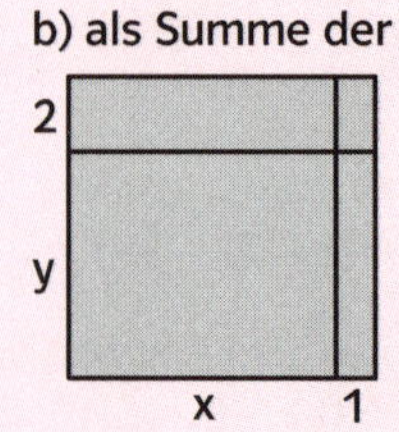

Figur 2

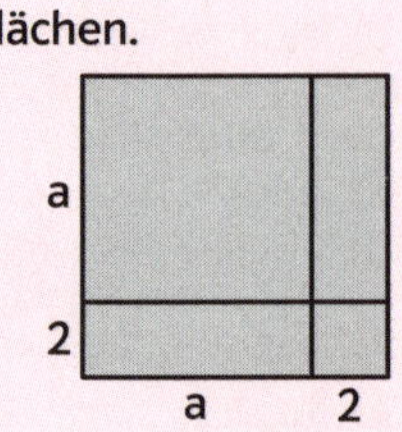

Figur 3

Mit binomischen Formeln rechnen

1 Berechne.

a	b	a^2	$2ab$	b^2
2	3			
x	4			
2y	−3			
0,5	−2z			

Mit binomischen Formeln rechnen

1. binomische Formel (1):
$(a + b)^2 = a^2 + 2ab + b^2$ — $(x + 4)^2 = x^2 + 8x + 16$

2. binomische Formel (2):
$(a - b)^2 = a^2 - 2ab + b^2$ — $(3x - 5)^2 = 9x^2 - 30x + 25$

3. binomische Formel (3):
$(a + b)(a - b) = a^2 - b^2$ — $(2 + y)(2 - y) = 4 - y^2$

2 Löse mithilfe einer binomischen Formel. Gib die verwendete Formel an.

a) $(r + s)^2 =$ ______ (1)
b) $(r - s)^2 =$ ______ ( )
c) $(r + s)(r - s) =$ ______ ( )
d) $(x - 3)^2 =$ ______ ( )
e) $(y + 5)^2 =$ ______ ( )
f) $(z + 4)(-z + 4) =$ ______ ( )

3 Löse mithilfe einer binomischen Formel. Gib die verwendete Formel an.

a) $(3x - 2)^2 =$ ______ ( )
b) $(2x + 1)^2 =$ ______ ( )
c) $(4x + 3)(4x - 3) =$ ______ ( )
d) $(5 + 3x)^2 =$ ______ ( )

4 Löse mithilfe einer binomischen Formel. Gib die verwendete Formel an.

a) $(0{,}5x + 3)^2 =$ ______ ( )
b) $(0{,}4x - 2)^2 =$ ______ ( )
c) $(1{,}5x + 4)(1{,}5x - 4) =$ ______ ( )
d) $(2{,}5 + 3x)^2 =$ ______ ( )
e) $\left(\frac{1}{2}x - \frac{1}{4}\right)^2 =$ ______ ( )
f) $\left(0{,}1x - \frac{1}{2}\right)\left(0{,}1x + \frac{1}{2}\right) =$ ______ ( )

5 ☆ Löse die Klammern auf. Fasse dann zusammen.

a) $(a + b)^2 + (a - b)^2$
= ______
= ______

b) $(n + 2)^2 - (n - 1)^2$
= ______
= ______

1. binomische Formel

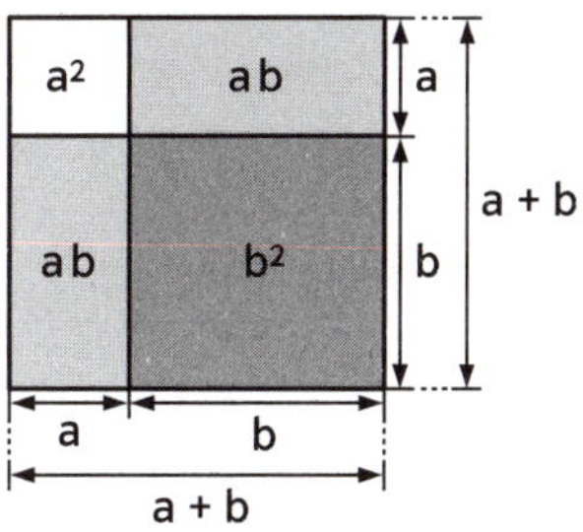

$(a + b)^2 = a^2 + 2ab + b^2$

zu 2f)
$(a + b)(-a + b) = -a^2 + b^2$

zu 3 und 4
$0{,}01x^2 - \frac{1}{4}$; $4x^2 + 4x + 1$;
$0{,}25x^2 + 3x + 9$;
$\frac{1}{4}x^2 - \frac{1}{4}x + \frac{1}{16}$;
$6{,}25 + 15x + 9x^2$; $16x^2 - 9$;
$2{,}25x^2 - 16$; $9x^2 - 12x + 4$;
$0{,}16x^2 - 1{,}6x + 4$;
$25 + 30x + 9x^2$

1.1 Berechne in einer Tabelle a^2; $2ab$; b^2. Setze
a) für a 3; 5; 6; −3 ein und für b 4; 2; −4; 5 ein.
b) für a y; 4; 3x; 0,5 ein und für b 3; x; −2; 5y ein.

2.1 Löse die Klammern auf.
a) $(x + y)^2$ b) $(x - y)^2$ c) $(x + y)(x - y)$
d) $(s - t)^2$ e) $(s + t)(s - t)$ f) $(s + t)^2$

2.2 a) $(x + 6)^2$ b) $(x - 5)^2$ c) $(x + 3)(x - 3)$
d) $(2 + y)(2 - y)$ e) $(7 - y)^2$ f) $(1 - x)^2$

3.1 Löse die Klammern auf.
a) $(3x + 5)^2$ b) $(3x - 5)^2$ c) $(3x + 5)(3x - 5)$
d) $(2y - 3)^2$ e) $(2y + 3)(2y - 3)$ f) $(2y + 3)^2$
g) $\left(\frac{1}{3}x + 3\right)^2$ h) $(0{,}1x - 2)^2$ i) $(2x - 0{,}1)(2x + 0{,}1)$

3.2 a) $(x + 2y)^2$ b) $(2s - t)^2$ c) $(3u + 4v)(3u - 4v)$
d) $(6a + 2b)^2$ e) $(5r - 3s)^2$ f) $(2a + 3b)(2a - 3b)$
g) $\left(2x + \frac{1}{3}y\right)^2$ h) $(0{,}1a + 0{,}2b)^2$ i) $\left(\frac{1}{2}u - \frac{1}{3}v\right)\left(\frac{1}{2}u + \frac{1}{3}v\right)$

4.1 Löse mithilfe der binomischen Formeln.
a) $(x + 0{,}5)^2$ b) $(x - 0{,}5)^2$ c) $(x + 0{,}5)(x - 0{,}5)$
d) $(0{,}8 - z)^2$ e) $(1{,}2 + r)^2$ f) $(0{,}8 + s)(0{,}8 - s)$

4.2 a) $(0{,}4x + 3)^2$ b) $(0{,}3y - 4)^2$ c) $(0{,}2z + 5)(0{,}2z - 5)$
d) $(0{,}9x - 3y)^2$ e) $(4x + 1{,}2y)^2$ f) $(0{,}1z + 0{,}5)(0{,}1z - 0{,}5)$

4.3 ☆ a) $\left(\frac{1}{2}x + 3\right)^2$ b) $\left(\frac{1}{4}y - 2\right)^2$ c) $\left(\frac{2}{3}z + 4\right)\left(\frac{2}{3}z - 4\right)$
d) $\left(\frac{3}{4}a - 2\right)^2$ e) $\left(-\frac{1}{2}b - \frac{4}{3}a\right)^2$ f) $\left(-4x + \frac{1}{2}\right)^2$

5.1 ☆ Löse die Klammern auf. Fasse dann zusammen.
a) $(x + y)^2 + (x - y)^2$ b) $(x + y)^2 - (x + y)^2$
c) $(x + y)^2 - (x - y)^2$ d) $(x + y)^2 - (x + y)(x - y)$

5.2 ☆ a) $(n + 3)^2 + (n - 2)^2$ b) $(n + 3)^2 - (n + 2)^2$
c) $(a + 2)^2 + 2(a + 2)^2$ d) $(a + 2)^2 - 2(a + 2)^2$

6 Erkläre den Fehler bei der Auflösung der Klammern.
a) $(x + 4)^2 = x^2 + 4x + 16$ b) $(y - 3)^2 = y^2 - 6y - 9$
c) $(a + 3)(a - 3) = a^2 - 6a - 9$ d) $(3z - 5)(3z + 5) = 9z - 25$

Binomische Formeln anwenden

1 Fülle die Tabelle aus. Berechne.

a	b	a^2	$2ab$	b^2
30	5			
60	4			
400	2			

Binomische Formeln vorteilhaft anwenden

42^2	27^2	$75 \cdot 65$
1. binom. Formel	2. binom. Formel	3. binom. Formel
$= (40 + 2)^2$	$= (30 - 3)^2$	$= (70 + 5)(70 - 5)$
$= 1600 + 160 + 4$	$= 900 - 180 + 9$	$= 4900 - 25$
$= 1764$	$= 729$	$= 4875$

2 Berechne. Gib die verwendete Formel an.

a) 31^2 ◯
$= (30 + 1)^2$
$=$
$=$

b) 58^2 ◯
$=$

c) $41 \cdot 39$ ◯

3 Berechne im Kopf.

a) $47^2 =$ ______ b) $52^2 =$ ______ c) $45 \cdot 35 =$ ______

d) $102^2 =$ ______ e) $398^2 =$ ______ f) $99 \cdot 101 =$ ______

g) $102 \cdot 98 =$ ______ h) $403^2 =$ ______ i) $27 \cdot 33 =$ ______

4 ☆ a) Notiere die Flächeninhalte.

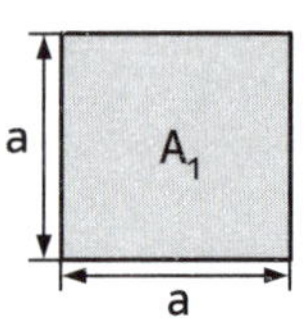

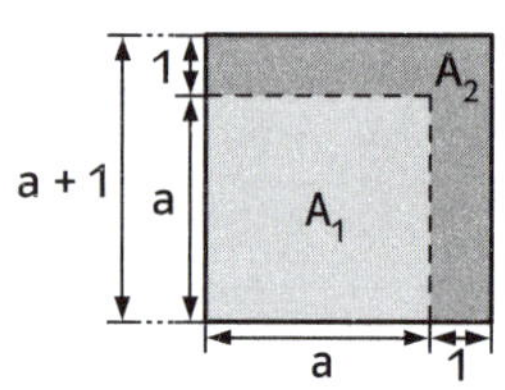

$A_1 =$

$A_2 =$

b) Berechne die Differenz der Flächeninhalte.

5 ☆ Notiere den Flächeninhalt für die graue Fläche.

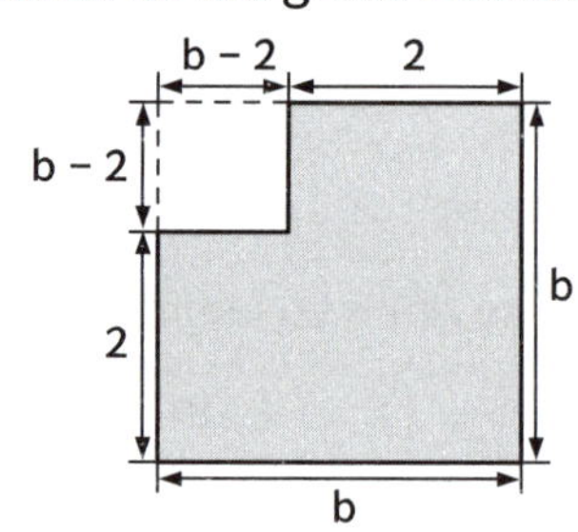

$A =$

1. binomische Formel
$(a + b)^2 = a^2 + 2ab + b^2$

2. binomische Formel
$(a - b)^2 = a^2 - 2ab + b^2$

3. binomische Formel
$(a + b)(a - b) = a^2 - b^2$

30^2
$= 30 \cdot 30$
$= 3 \cdot 10 \cdot 3 \cdot 10$
$= 3 \cdot 3 \cdot 10 \cdot 10$
$= 900$

☑ zu 2 und 3
891; 961; 1575; 1599; 2209; 2704; 3364; 9996; 9999; 10 404; 158 404; 162 409

1.1 Berechne in einer Tabelle a^2; $2ab$; b^2. Setze
a) für a 20; 40; 50; 70 ein und für b 3; 2; 4; 1 ein.
b) für a 200; 400; 600; 900 ein und für b 2; 4; 3; 1 ein.

2.1 Berechne.
a) 29^2 b) 61^2 c) 38^2 d) 32^2 e) $51 \cdot 49$
f) 101^2 g) 99^2 h) 203^2 i) 197^2 j) $998 \cdot 1002$

3.1 Berechne im Kopf.
a) 81^2 b) 79^2 c) 68^2 d) 53^2 e) $85 \cdot 75$
f) 403^2 g) 398^2 h) 802^2 i) 797^2 j) $350 \cdot 250$

3.2 Berechne mithilfe einer binomischen Formel im Kopf.
a) $2{,}9^2$ b) $3{,}2^2$ c) $3{,}8^2$ d) $4{,}5 \cdot 3{,}5$ e) $4{,}3^2$
f) $1{,}98^2$ g) $2{,}02^2$ h) $4{,}99^2$ i) $2{,}99 \cdot 3{,}01$ j) $9{,}1 \cdot 8{,}9$

4.1 ☆ a) Notiere die Flächeninhalte A_1 und A_2 (Figur 1).
b) Vergleiche die Flächeninhalte. Bestimme die Differenz.

5.1 ☆ Notiere den Flächeninhalt A der Figur 2.

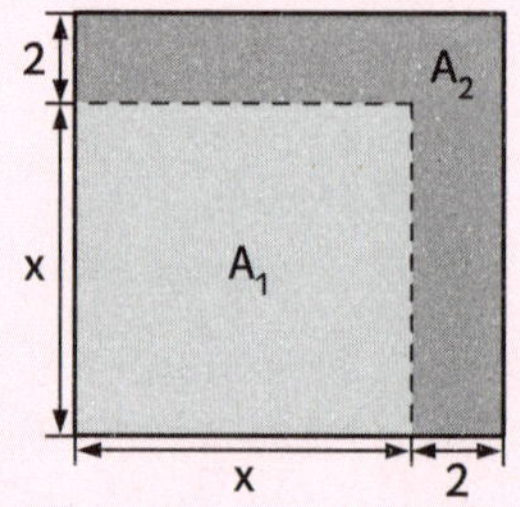

Figur 1

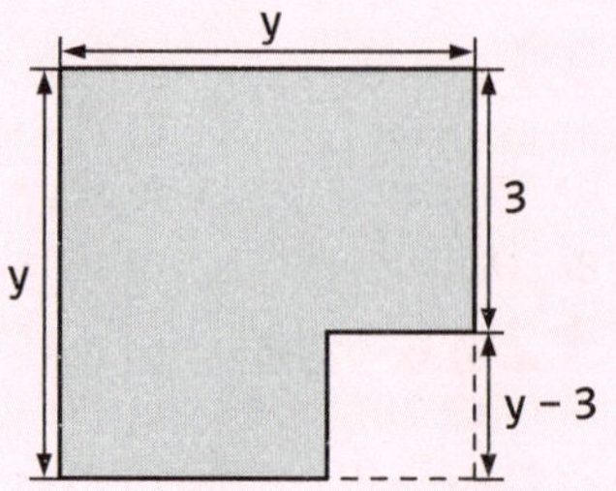

Figur 2

1 Terme aufstellen und berechnen ☹ 😐 ☺

Stelle die Terme auf.

a) Summe aus x und 3 ______

b) Das Doppelte der Differenz von y und 4 ______

Stelle die Terme auf.

a) Das Dreifache von x, vermindert um 3 ______

b) Produkt aus 2 und der Differenz aus 3 und a ______

Berechne die Terme.

y	$3y-2$	$4(y-5)$
6		
−2		

2 Summen und Differenzen vereinfachen ☹ 😐 ☺

Vereinfache.

a) $x + y + y + y + y + x =$ ______

b) $ab + ab + ab =$ ______

c) $x + x + y - y + 7 =$ ______

Vereinfache.

$2y - 4 - 5y + 5 + y$

= ______

= ______

Vereinfache.

$3xy - 5xz - 8xy - 5 + xz$

= ______

= ______

3 Produkte vereinfachen ☹ 😐 ☺

Vereinfache.

a) $x \cdot x \cdot x \cdot y =$ ______

b) $a \cdot a \cdot b \cdot b^2 =$ ______

c) $x^2 \cdot x \cdot y \cdot z \cdot z =$ ______

Vereinfache.

a) $3 \cdot x \cdot (-2) \cdot x =$ ______

b) $4 \cdot y \cdot y \cdot (-5) \cdot x =$ ______

c) $-5 \cdot a \cdot b \cdot (-2) \cdot a =$ ______

Vereinfache.

a) $-5 \cdot a \cdot b^2 \cdot 4 \cdot a^2 \cdot b =$ ______

b) $y^2 \cdot (-0{,}5) \cdot x \cdot y \cdot (-2) =$ ______

c) $10 \cdot a^3 \cdot b^2 \cdot \left(-\frac{1}{2}\right) \cdot a =$ ______

4 Summen und Differenzen multiplizieren ☹ 😐 ☺

Berechne.

a) $5 \cdot (3 + 2x) =$ ______

b) $2 \cdot (4y - 3) =$ ______

c) $(7 - z) \cdot z =$ ______

Berechne.

a) $-2 \cdot (a - 3b) =$ ______

b) $6 \cdot (2x - 5y) =$ ______

c) $(7z - 8) \cdot 3z =$ ______

Berechne.

a) $(-2x - 7) \cdot (-3) =$ ______

b) $\left(-\frac{1}{2}a\right) \cdot (2a - 8y) =$ ______

c) $(3a - b) \cdot (-2c) =$ ______

5 Klammerterme multiplizieren ☹ 😐 ☺

Berechne.

a) $(a + b) \cdot (a - 4)$

= ______

b) $(x - 3) \cdot (2x - 5)$

= ______

= ______

Berechne.

a) $(2x - 3)(2y + 1)$

= ______

b) $(5 - 3y)(2y - 10)$

= ______

= ______

Berechne.

a) $(4x^2 - 5)(x - 3)$

= ______

b) $(1 - 3y^2)(5y^2 - 4)$

= ______

= ______

6 Mit binomischen Formeln rechnen ☹ 😐 ☺

Berechne.

a) $(a + 3)^2 =$ ______

b) $(x - z)^2 =$ ______

c) $(z + 10)^2 =$ ______

Berechne.

a) $(3x - 5)^2 =$ ______

b) $(2y + 1)^2 =$ ______

c) $\left(\frac{1}{2}z - 100\right)^2 =$ ______

Berechne.

a) $(x + 7)(x - 7)$

= ______

b) $(1 + 3y)(1 - 3y)$

= ______

Funktionen darstellen

1 a) Stelle die Funktion
natürliche Zahl → Anzahl der Teiler
in einer Tabelle dar.

ℕ	1	2	3	4	5	6
Anzahl der Teiler	1	2			2	

ℕ	7	8	9	10	11	12
Anzahl der Teiler						

b) Stelle die Funktion im Koordinatensystem dar.

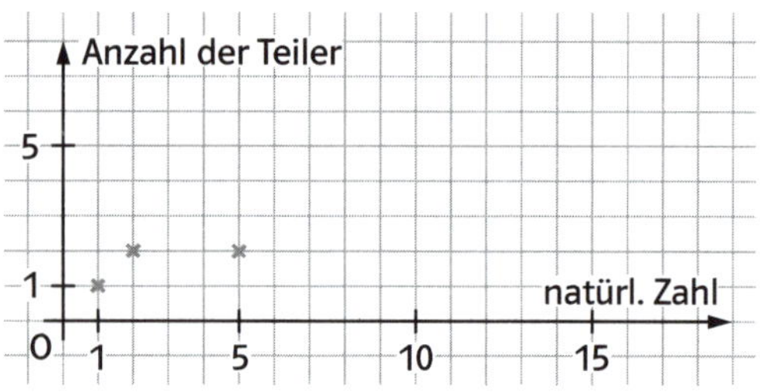

Funktionen darstellen
Eine Kerze wird angezündet, ausgeblasen und wieder angezündet.

Funktionsvorschrift der Zuordnung
Zeit in h → Länge der Kerze in cm

Darstellung der Funktion in einer Wertetabelle

Zeit in h	0	1	2	3	7	8	9
Länge in cm	8	6	4	4	4	2	0

Darstellung der Funktion im Koordinatensystem

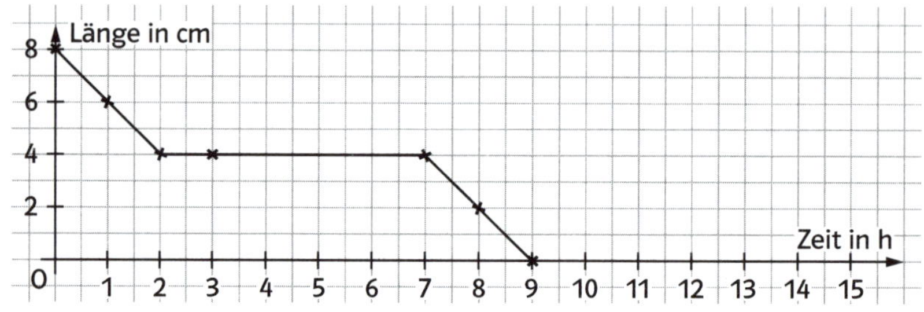

2 Für Rotkohl (R) und Wirsingkohl (W) ist die Funktion *Gewicht → Preis* im Koordinatensystem dargestellt.
Lies ab und trage ein.

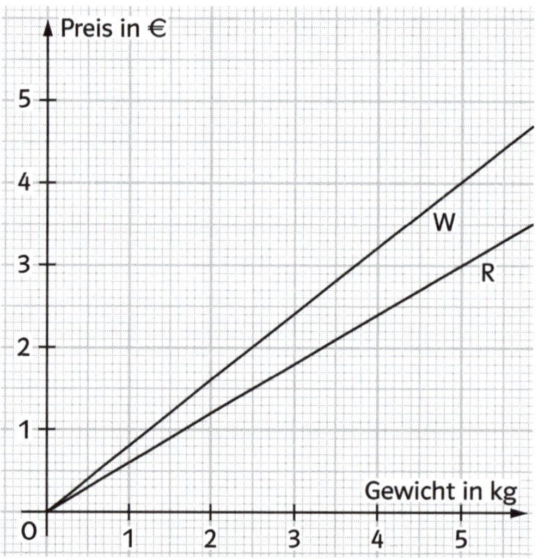

a) Rotkohl

Gewicht in kg	1	2	5	2,5
Preis in €				

b) Wirsingkohl

Gewicht in kg	1	3	1,5	3,8
Preis in €				

3 Das Schaubild stellt für einen Novembertag die Temperaturen auf der Zugspitze dar. Lies ab und trage ein.

Uhrzeit	4:00	8:00	16:00	20:00
Temperatur in °C				

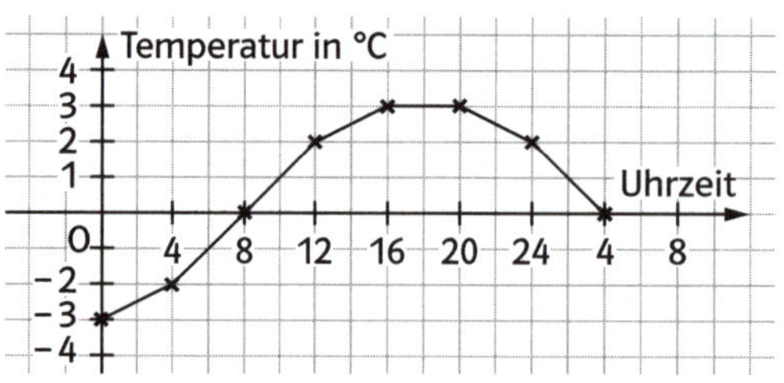

Funktionen
Gewicht → Preis

Gewicht	Preis
1 kg	3,50 €
2 kg	7,00 €
5 kg	16,00 €

Zahl z → Doppeltes d der Zahl z

z	d
0	0
3	6
0,6	1,2

Zahl → Teiler Diese Zuordnung ist <u>keine</u> Funktion, weil einer Zahl mehrere Teiler zugeordnet werden können.

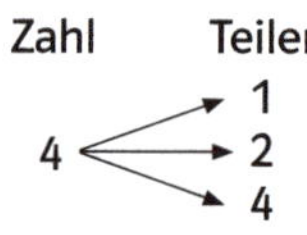

2.1 Tiere können folgende Geschwindigkeiten erreichen:
Windhund 20 m/s; Brieftaube 30 m/s; Schwalbe 70 m/s.
a) Lege eine Tabelle für die Funktion *Zeit in s → Weg in m* an.
b) Stelle die Funktionen in einem Koordinatensystem dar.

4 Ein Fahrstuhl fährt in einem Aussichtsturm (Figur 1).
a) Wie hoch liegen Restaurant (R) und Aussichtsplattform (A)?
b) Wie lange hielt der Fahrstuhl jeweils?

5 Warum dürfen die Punkte in Aufgabe 1b) nicht miteinander verbunden werden?

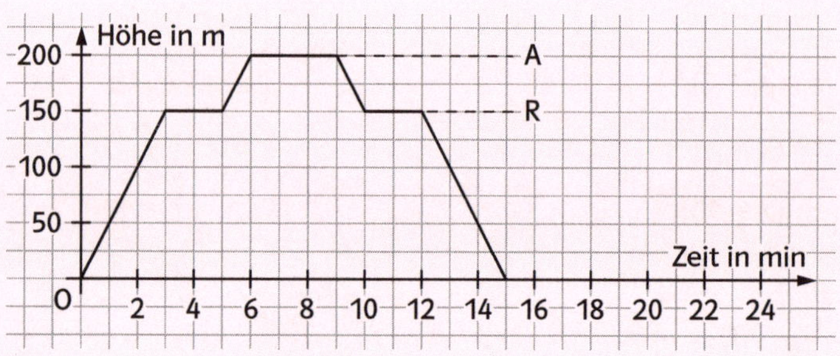

Figur 1

Proportionale Funktionen bestimmen

1 a) Bestimme die Funktionsgleichung.
4 kg Tomaten kosten 3,60 €.

		Gewicht in kg	Preis in €	
(1)		Gewicht in kg	Preis in €	
(2)	: 4	4	3,60	
(3)				
(4)				

(5) Funktionsgleichung y =

Funktionsgleichung bestimmen
Funktionsvorschrift

(1) Funktionsvorschrift notieren
(2) Gegebene Größen eintragen
(3) Preis für 1 kg berechnen
(4) Preis für x kg bestimmen
(5) Funktionsgleichung notieren

3 kg Bananen kosten 2,40 €.
Gewicht in kg → Preis in €
Die Funktion ist proportional.

	Gewicht in kg	Preis in €	
: 3	3	2,40	: 3
· x	1	0,80	· x
	x	0,8 · x	

$y = 0{,}8 \cdot x$

b) Berechne mithilfe der Funktionsgleichung die Preise.

Gewicht in kg	x	5	7	3	10	2,5	1,7	14,3
Preis in €	· x							

Proportionale Funktionen
Zum Doppelten gehört das Doppelte.

Zur Hälfte gehört die Hälfte.

2 a) Bestimme die Funktionsgleichung.
$5\,cm^3$ Kupfer wiegen 44,5 g.

		Volumen in cm^3		
(1)		Volumen in cm^3		
(2)				
(3)				
(4)				

(5) Funktionsgleichung

b) Berechne das Gewicht für die folgenden massiven Kupferkörper.

Volumen in cm^3	x	1	4	7,5
Gewicht in g	· x			

Volumen in cm^3	12,4	0,5	20,2	100
Gewicht in g				

Andere Notationen von Funktionen
$y = 0{,}8 \cdot x$
$x \rightarrow 0{,}8 \cdot x$
$f(x) = 0{,}8 \cdot x$

3 a) Fülle die Tabelle aus.

x	0	1	−1	2	−2
1,5 · x					

b) Trage die Punkte ins Koordinatensystem ein.

c) Zeichne durch die Punkte eine Gerade.

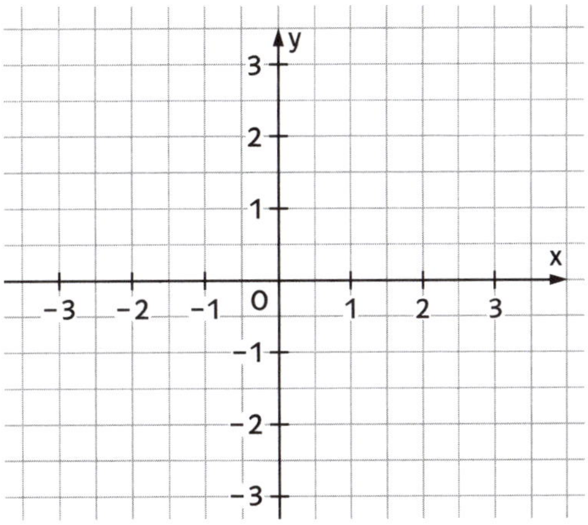

1.1 Bestimme die Funktionsgleichung und berechne:
6 Becher Joghurt kosten 2,88 €. Berechne den Preis für 2; 5; 10; 12; 20 Becher Joghurt.

2.1 Bestimme die Funktionsgleichung und berechne:
$60\,cm^3$ Gold wiegen 1158 g. Berechne das Gewicht für $10\,cm^3$; $20\,cm^3$; $50\,cm^3$; $250\,cm^3$.

2.2 a) Bestimme die Funktionsgleichung und berechne:
$4\,cm^3$ Silber wiegen 42,0 g; $5\,cm^3$ Aluminium 13,5 g; $8\,cm^3$ Eisen 63,2 g.
b) Stelle die Funktion *Volumen → Gewicht* für die drei Metalle in einem Koordinatensystem dar.

3.1 a) Übertrage die Tabelle ins Heft und fülle sie aus.

x	0	0,5	−0,5	1	−1	1,5	−1,5	2	−2
2x									

b) Trage die Punkte ins Koordinatensystem ein.
c) Zeichne durch die Punkte eine Gerade.

3.2 Lege wie in Aufgabe 3.1 Tabellen an. Stelle die Funktionen mit verschiedenen Farben in einem Koordinatensystem dar.
a) $y = 3x$ b) $y = -3x$ c) $y = 1{,}8x$ d) $y = -1{,}8x$

4 Für 2,5 kg Roastbeef sind 48,75 € zu zahlen. Notiere die Funktionsgleichung und berechne damit den Preis für folgende Gewichte: 1,5 kg; 1,2 kg; 0,5 kg; 1,8 kg; 800 g; 1250 g.

Proportionale Funktionen darstellen

1 Zeichne die Ursprungsgerade.

a) $y = 3x$ b) $y = -3x$ c) $y = 1{,}5x$

d) $y = -1{,}5x$ e) $y = x$ f) $y = -x$

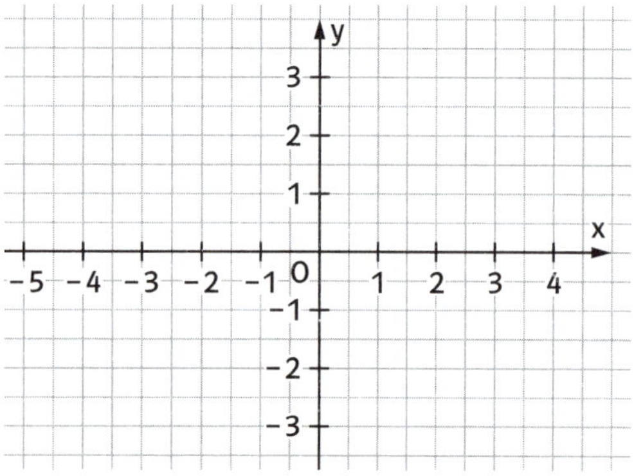

Proportionale Funktionen darstellen

Funktionsgleichung $y = m \cdot x$: Die Graphen sind Ursprungsgeraden; sie verlaufen durch den Ursprung (0 | 0) und haben die Steigung m.

Graphen zeichnen $y = -\frac{2}{3}x$

(1) Ursprung markieren: Punkt (0 | 0) markieren

(2) Mit der Steigung m einen zweiten Punkt bestimmen und markieren: $m = -\frac{2}{3} = \frac{-2}{3}$. Von (0 | 0) aus: 3 nach rechts, 2 nach unten, Punkt (3 | −2) markieren

(3) Ursprungsgerade zeichnen: Gerade durch (0 | 0) und (3 | −2) zeichnen

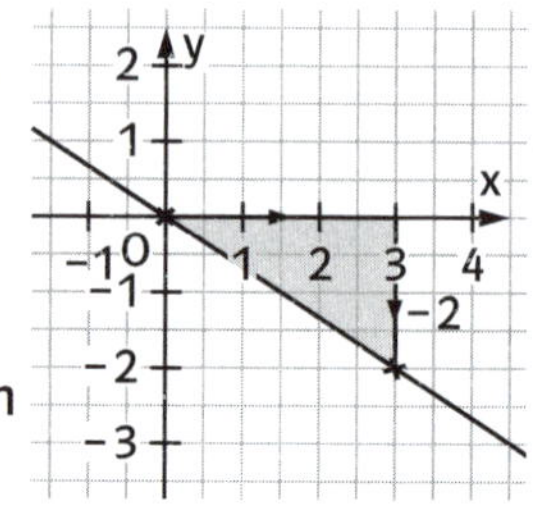

2 Bestimme die Funktionsgleichung.

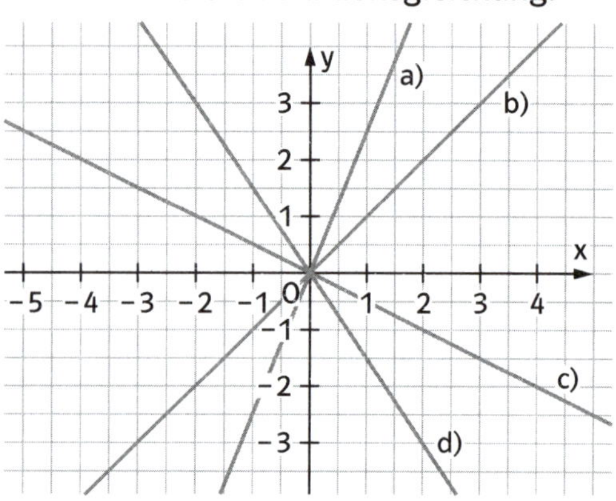

a) $y = \ \cdot x$ ______ b) ______

c) ______ d) ______

3 Zeichne die Ursprungsgerade.

a) $y = -\frac{2}{3}x$ b) $y = \frac{2}{3}x$ c) $y = \frac{4}{3}x$

d) $y = -\frac{4}{3}x$ e) $y = 1{,}2x$ f) $y = -1{,}2x$

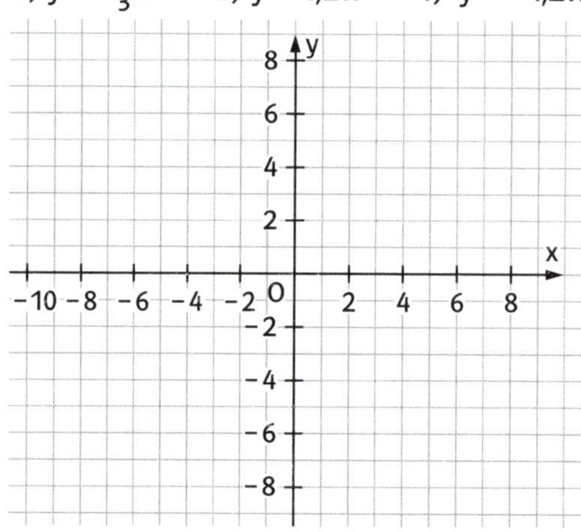

Steigung m

Falls m eine ganze Zahl ist; z. B.: $m = -2 = \frac{-2}{1}$

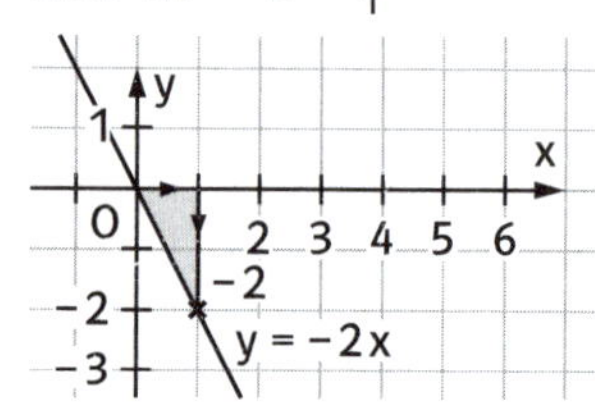

$m < 0$ Gerade **fällt**

$m > 0$ Gerade **steigt**

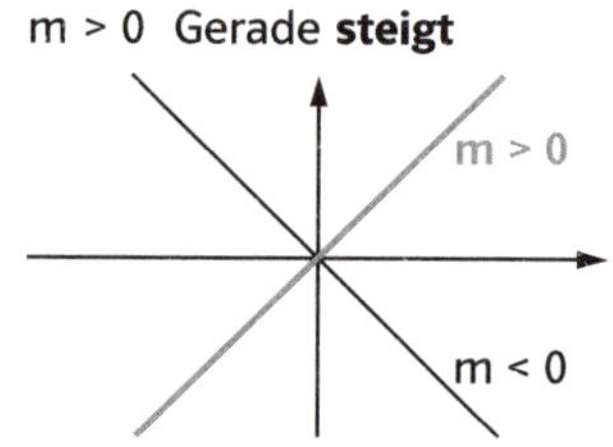

i Graph
Darstellung einer Funktion

1.1 Zeichne die Ursprungsgeraden mit verschiedenen Farben.
a) $y = 2x$ b) $y = -2x$ c) $y = -4x$

1.2 a) $y = x$ b) $y = -x$ c) $y = -2{,}5x$

1.3 a) $y = 1{,}5x$ b) $y = -1{,}5x$ c) $y = 0$

1.4 ☆ a) $y = x$ b) $y = \frac{3}{5}x$ c) $y = \frac{5}{3}x$

1.5 ☆ a) $y = -x$ b) $y = -0{,}75x$ c) $y = -1{,}8x$

2.1 Bestimme die Funktionsgleichungen
a) für Figur 1. b) für Figur 2.

4 Bestimme die Funktionsgleichungen und zeichne die Halbgeraden in ein Koordinatensystem. Funktion: *Zeit → Weg*
a) Güterzug 60 km/h b) Schnellzug 90 km/h c) ICE 200 km/h

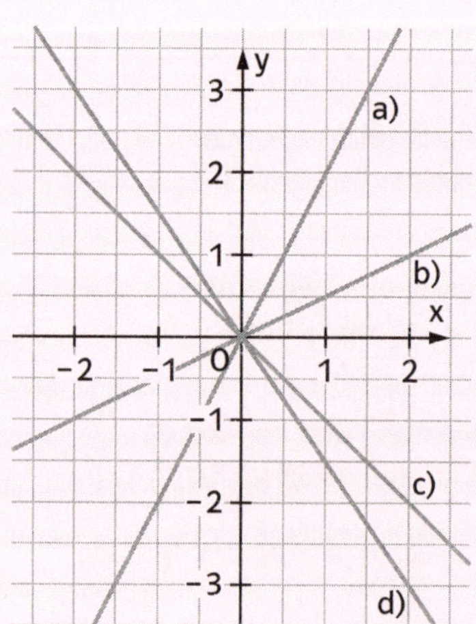

Figur 1

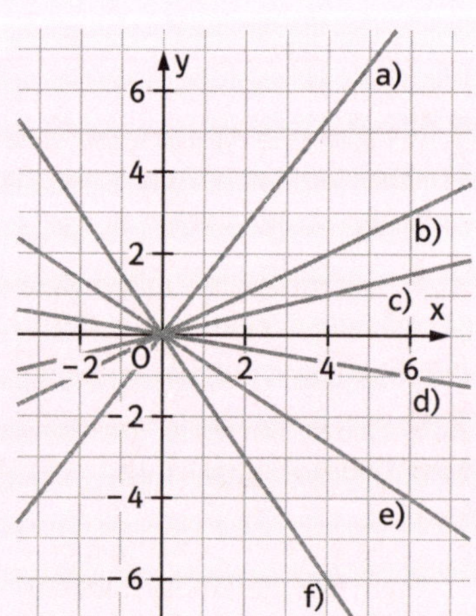

Figur 2

Lineare Funktionen bestimmen

1 Bei einer Online-Fotobestellung kosten Abzüge in der Größe 10 × 15 cm je 0,09 €. Dazu kommen Versandkosten von 1,99 €. Bestimme die Funktionsgleichung.

(1) *Anzahl der Abzüge →* ______

(2)

Anzahl der Abzüge		
Preis ohne Versandkosten		↲ · ___
Preis mit Versandkosten		↲ ___

(3) Funktionsgleichung *y =* ______

Lineare Funktionen bestimmen
Für die Fahrt mit dem Taxi zahlt man für jeden Kilometer 1,50 € und eine einmalige Grundgebühr von 2,00 €.

(1) Funktionsvorschrift bestimmen — *Zurückgelegte Strecke in km → Kosten in €*

(2) Tabelle anlegen

Strecke in km	x	
Kosten ohne Grundgebühr	$1{,}5 \cdot x$	↲ · 1,5
Kosten mit Grundgebühr	$1{,}5 \cdot x + 2$	↲ + 2

(3) Funktionsgleichung notieren — $y = 1{,}5 \cdot x + 2$

2 Berechne mit den Angaben aus Aufgabe 1 die Kosten einschließlich Versandkosten für 36 Abzüge: ______ und für 39 Abzüge: ______ .

3 Ein Lkw wiegt leer 7,5 t. Er wird mit Kies beladen. 1 m^3 Kies wiegt 1,8 t.

a) Bestimme die Funktionsgleichung.

(1) ______

(2)

Volumen in m^3		
Gewicht der Ladung		↲ ___
Gewicht beladener Lkw		↲ ___

(3) Funktionsgleichung: ______

b) Berechne das Gewicht der Ladung und des beladenen Lkws.

Volumen	4 m^3	2,5 m^3	1,5 m^3
Gewicht Ladung			
Gewicht beladener Lkw			

4 Berechne.

	x = 0	x = 1	x = −1	x = 2
a) 2x				
b) 2x − 3				
c) 2x + 1				

Trage die Punkte ein. Zeichne die Geraden.

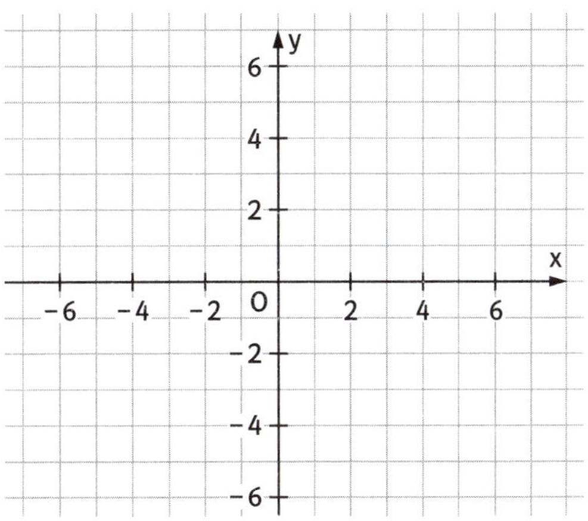

zu 4
Gleiche Steigung m
Geraden sind parallel zueinander.
Beispiel: m = −2
a) $y = -2x$
b) $y = -2x + 1$
c) $y = -2x - 2$

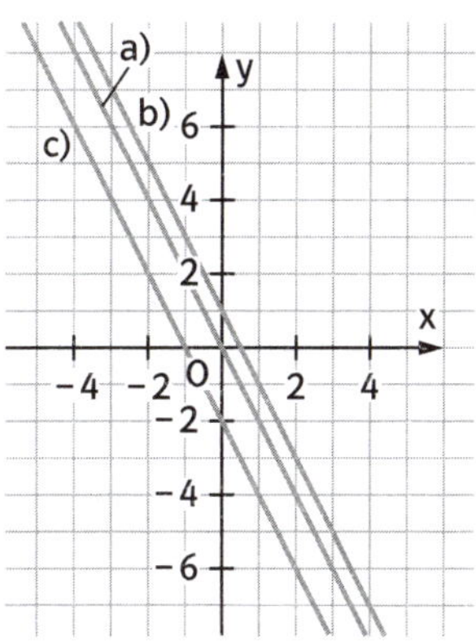

1.1 Für das Ausleihen eines Beamers zahlt man für jeden Tag 25 € und eine einmalige Bearbeitungsgebühr von 15 €. Bestimme die Funktionsgleichung und berechne die Leihgebühren für 2; 5; 8 und 14 Tage.

2.1 Ein Kleintransporter hat ein Leergewicht von 1500 kg. Es werden Platten mit einem Gewicht von je 18 kg geladen. Bestimme die Funktionsgleichung und berechne das Gesamtgewicht für 20; 25; 40 und 58 Platten.

3.1 Für eine Klassenfahrt zahlt jeder Teilnehmer 25 € für die Fahrt und 20 € für jeden Reisetag in die Reisekasse ein. Notiere die Funktionsgleichung und berechne die Reisekosten für 5; 6; 8 und 10 Tage.

4.1 Lege Tabellen an, fülle sie aus. Zeichne die Geraden.
a) $y = 1{,}5x$ b) $y = 1{,}5x + 3$ c) $y = 1{,}5x - 3$

4.2 a) $y = -2x$ b) $y = -2x + 1{,}5$ c) $y = -2x - 1{,}5$

4.3 a) $y = -1{,}5x$ b) $y = -1{,}5x + 4$ c) $y = -1{,}5x - 4$

Lineare Funktionen darstellen

1 Zeichne die Gerade.

a_1) $y = 2x + 0$ b_1) $y = -2x$

a_2) $y = 2x - 3$ b_2) $y = -2x + 3$

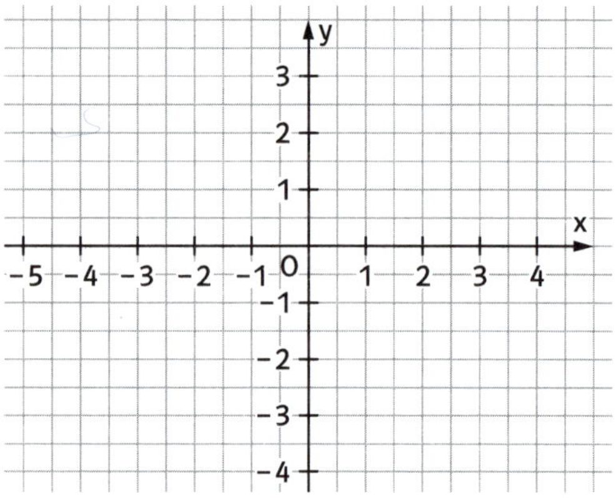

Lineare Funktionen darstellen

Funktionsgleichung $y = mx + b$	Die Graphen sind Geraden; sie verlaufen durch den Punkt $(0 \mid b)$ und haben die Steigung m.
Graphen zeichnen	$y = -\frac{3}{4}x + 1{,}5$
(1) Punkt $(0 \mid b)$ markieren	Punkt $(0 \mid 1{,}5)$ markieren
(2) Mit der Steigung m einen zweiten Punkt bestimmen	$m = -\frac{4}{3} = \frac{-4}{3}$ Von $(0 \mid 1{,}5)$ aus: 3 nach rechts, 4 nach unten, Punkt $(3 \mid -2{,}5)$ markieren
(3) Gerade zeichnen	Gerade durch $(0 \mid 1{,}5)$ und $(3 \mid -2{,}5)$ zeichnen

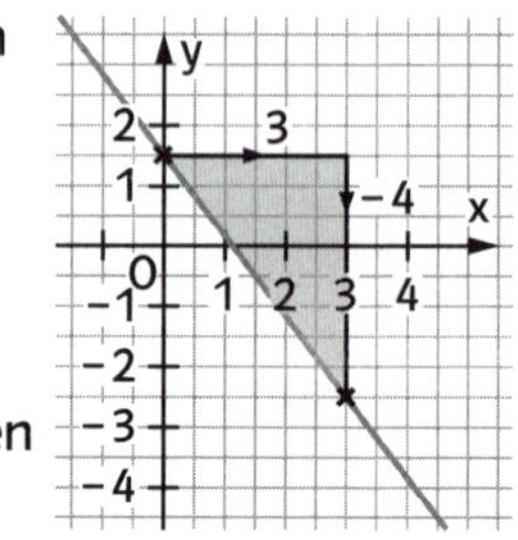

2 Bestimme die Funktionsgleichung.

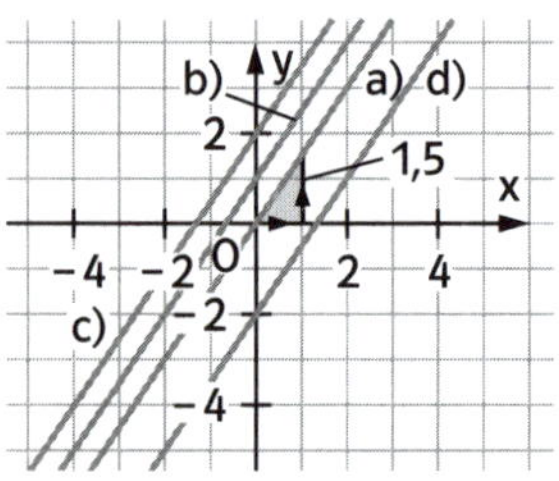

a) y = ______
b) ______
c) ______
d) ______

3 Bestimme die Funktionsgleichung.

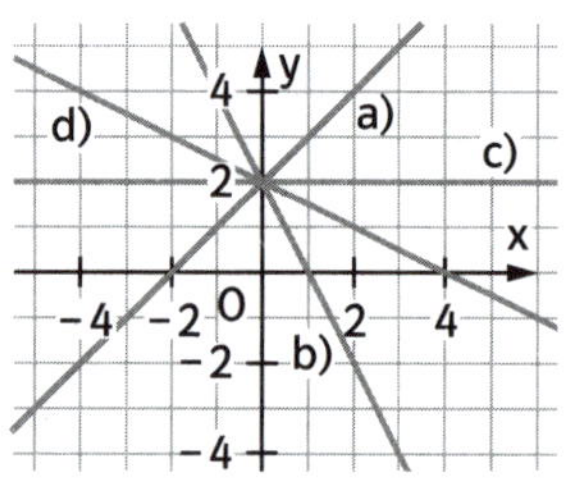

a) ______
b) ______
c) ______
d) ______

4 ☆ a) Bestimme die Funktionsgleichungen der Ursprungsgeraden mit der Steigung m.

$m = -\frac{3}{2}$ $m = 2{,}5$

a_1) y = ______ a_2) ______

b) Zeichne die Geraden.

c) Zeichne dazu parallele Geraden durch $P(0 \mid -2)$. Bestimme die Funktionsgleichungen.

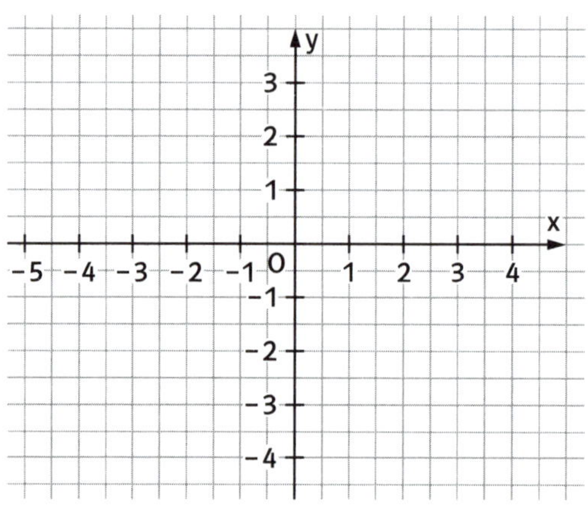

Lineare Funktion mit gleicher Steigung m
Geraden sind parallel zueinander.
$y = m \cdot x$

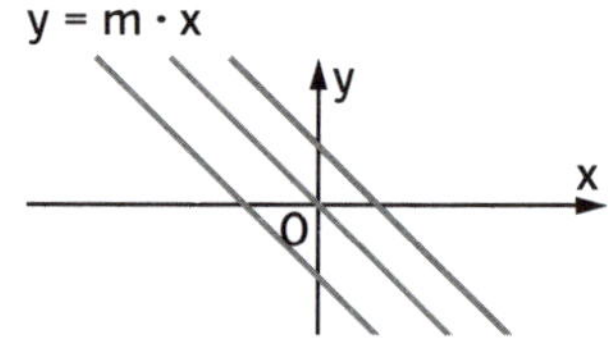

Lineare Funktion mit gleichem y-Achsenabschnitt b
Geraden verlaufen durch den Punkt $(0 \mid b)$
$y = m \cdot x + b$
b gibt den Punkt an, in dem die Gerade die y-Achse schneidet (y-Achsenabschnitt).

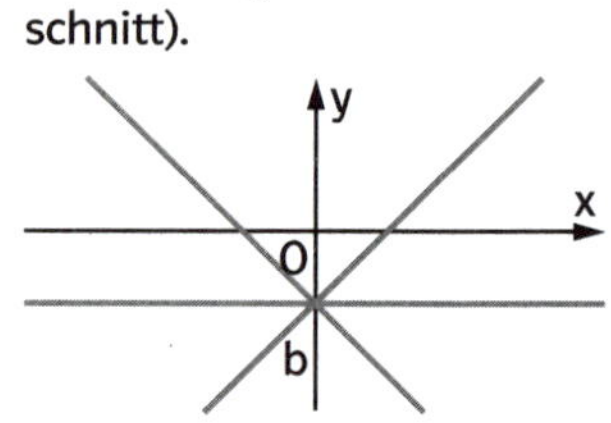

1.1 Zeichne die Geraden.
a_1) $y = 3x + 0$ b_1) $y = -3x + 0$ c_1) $y = x + 0$
a_2) $y = 3x + 2$ b_2) $y = -3x + 2$ c_2) $y = x + 4$
a_3) $y = 3x - 2$ b_3) $y = -3x - 2$ c_3) $y = x - 4$

1.2 a_1) $y = 1{,}5x + 0$ b_1) $y = -1{,}5x + 0$ c_1) $y = -x + 0$
a_2) $y = 1{,}5x + 2$ b_2) $y = -1{,}5x + 4$ c_2) $y = -x - 3$
a_3) $y = 1{,}5x - 2$ b_3) $y = -1{,}5x - 4$ c_3) $y = -x + 3$

1.3 a) $y = -2x$ b) $y = -x + 2$ c) $y = -2$ d) $y = -2x - 2$

1.4 ☆ a) $y = -\frac{3}{4}x + 2$ b) $y = \frac{3}{4}x + 2$ c) $y = -\frac{4}{3}x + 2$

1.5 ☆ a) $x \to -\frac{5}{3}x - 1$ b) $x \to -\frac{3}{5}x - 1$ c) $x \to \frac{5}{3}x - 1$

4.1 ☆ a) Zeichne die Ursprungsgerade mit $m = -\frac{5}{6}$.
b) Zeichne eine Parallele durch $P(0 \mid 1{,}5)$. Bestimme die Funktionsgleichung.

5 Zeichne die Punkte in ein Koordinatensystem. Zeichne durch die Punkte Geraden. Bestimme anschließend die Funktionsgleichung.
a) $A(0 \mid 0)$; $B(1 \mid -2)$ b) $C(0 \mid -1)$; $D(1 \mid -1)$
c) $E(0 \mid -1)$; $F(1 \mid -3)$ d) $G(0 \mid -2{,}5)$; $H(-2 \mid 1{,}5)$
e) $I(0 \mid -2)$; $J(1 \mid 1)$ f) $I(0 \mid -2)$; $K(1 \mid 0)$
g) $I(0 \mid -2)$; $L(1 \mid -2)$ h) $I(0 \mid -2)$; $M(1 \mid -2{,}5)$
i) $N(3 \mid -\frac{1}{2})$; $O(-\frac{1}{2} \mid 3)$ j) $P(-3 \mid \frac{1}{2})$; $Q(\frac{1}{2} \mid -3)$

1 Funktionsgleichung proportionaler Funktionen bestimmen ☹ 😐 ☺

Bestimme die Funktionsgleichung.
3 Becher Sahne kosten 2,07 €.

Anzahl	Preis
×	

y =

Bestimme die Funktionsgleichung.
$5\,cm^3$ Gold wiegen 96,5 g.

Für 2,5 kg Gulasch sind 32,00 € zu zahlen.

a) Bestimme die Funktionsgleichung.

b) Berechne damit folgende Preise:

1,5 kg kosten ________ €.

0,8 kg kosten ________ €.

2 Proportionale Funktionen darstellen ☹ 😐 ☺

Stelle die proportionale Funktion dar.

a) y = 2x b) y = 3x

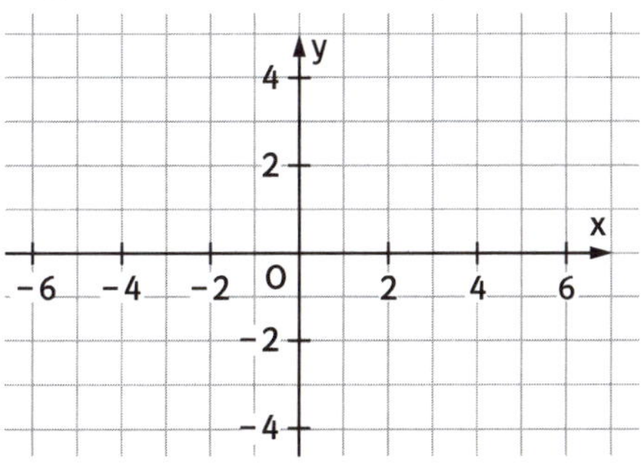

Stelle die proportionale Funktion dar.

a) y = −2x b) y = 5x

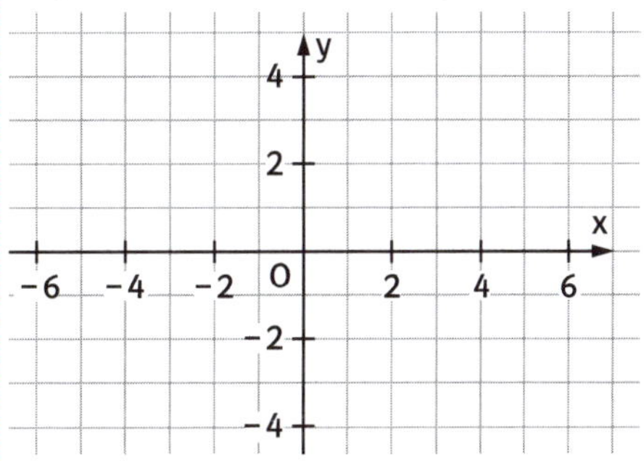

Stelle die proportionale Funktion dar.

a) $y = -\frac{1}{2}x$ b) y = 1,5x

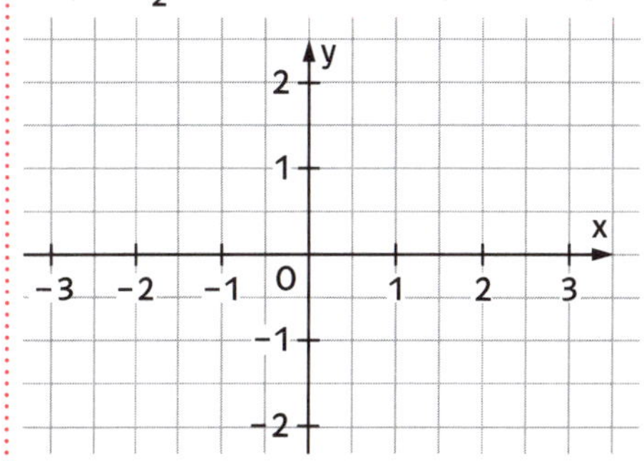

3 Funktionsgleichung linearer Funktionen bestimmen ☹ 😐 ☺

Ein Foto kostet 0,15 €, die Versandkosten betragen 1,95 €.
Bestimme die Funktionsgleichung.

y =

a) Ein Lkw wiegt leer 5,4 t. Er wird mit Sand beladen. $1\,m^3$ Sand wiegt 1,6 t. Bestimme die Funktionsgleichung. y =

b) Wie schwer ist der Lkw mit einer Ladung von $4{,}5\,m^3$ Sand?

a) Taxipreise in Bremen (2011):
Grundpreis 2,50 €, km-Preis 1,70 €.
Bestimme die Funktionsgleichung.

b) Wie viel kostet eine 5,5-km-Fahrt?

4 Lineare Funktionen darstellen und bestimmen ☹ 😐 ☺

Stelle die lineare Funktion dar.

a) y = 2x + 3

b) y = −x − 2

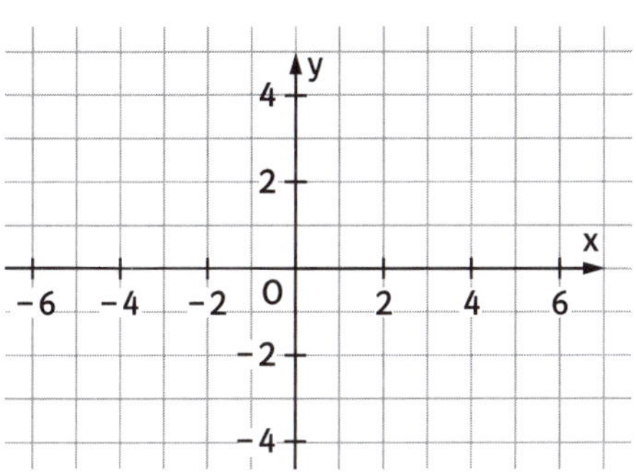

Bestimme die Funktionsgleichung der beiden Geraden.

a)

b)

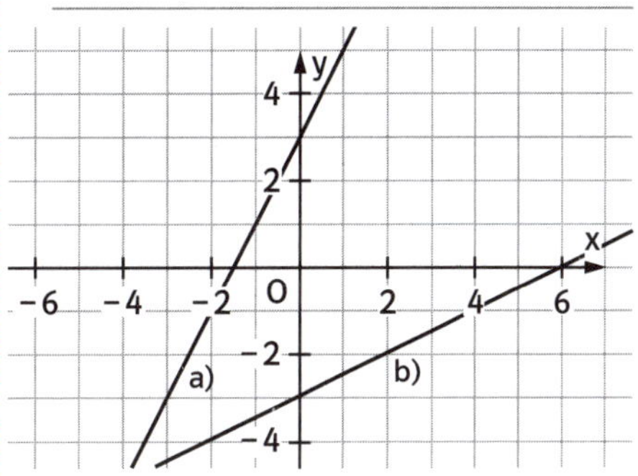

Zeichne durch die Punkte A(−1 | −5) und B(3 | 3) eine Gerade. Bestimme die Funktionsgleichung der linearen Funktion.

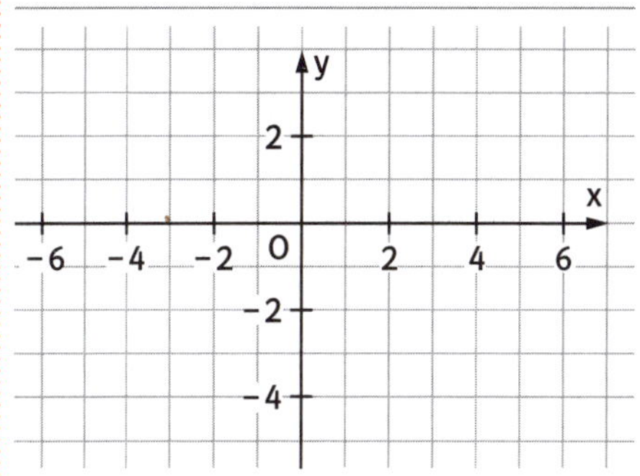

Gleichungen und Ungleichungen durch Einsetzen lösen

1 Bestimme die Lösungen der Ungleichung durch Einsetzen.
Grundmenge $\mathbb{N}^*$

x	$3 \cdot x + 10 > 6 \cdot x + 3$	w/f
1	$3 \cdot 1 + 10 > 6 \cdot 1 + 3$	w
2		

L =

Ungleichung durch Einsetzen lösen
Grundmenge $\mathbb{N}^*$

(1) Zahlen der Grundmenge nacheinander für die Variable einsetzen

(2) Prüfen, ob eine wahre (w) oder eine falsche (f) Aussage vorliegt

(3) Lösungsmenge notieren

x	$5 \cdot x + 2 < 3 \cdot x + 16$	w/f
1	$5 \cdot 1 + 2 < 3 \cdot 1 + 16$	w
2	$5 \cdot 2 + 2 < 3 \cdot 2 + 16$	w
…	…	…
6	$5 \cdot 6 + 2 < 3 \cdot 6 + 16$	w
7	$5 \cdot 7 + 2 = 3 \cdot 7 + 16$	f

Alle weiteren Zahlen führen zu falschen Aussagen.
L = {1; 2; 3; 4; 5; 6}

2 $7 \cdot x - 1 = 5 \cdot x + 5$; Grundmenge $\mathbb{N}$

x	$7 \cdot x - 1 = 5 \cdot x + 5$	w/f
0		
1		

L =

3 $64 - x = x + 60$; Grundmenge $\mathbb{N}$

x	$64 - x = x + 60$	w/f

L =

$\mathbb{N}$ = {0; 1; 2; 3; 4; …}
$\mathbb{N}^*$ = {1; 2; 3; 4; …}
$\mathbb{Z}$ Menge der ganzen Zahlen
$\mathbb{Q}$ Menge der rationalen Zahlen
{} leere Menge

Grundmenge
Alle Zahlen, die eingesetzt werden sollen

Lösung
Zahl aus der Grundmenge, die zu einer wahren Aussage führt

Lösungsmenge
Menge der Lösungen einer Gleichung oder Ungleichung

4 Bestimme die Lösungen im Kopf.

a) $7 \cdot x < 15$; Grundmenge $\mathbb{N}$
Lösungsmenge:

b) $13 = 2 \cdot x + 5$; Grundmenge $\mathbb{N}$
Lösungsmenge:

c) $x \cdot 6 < 15 + x$; Grundmenge $\mathbb{N}$
Lösungsmenge:

d) $25 - x = 4 \cdot x + 5$; Grundmenge $\mathbb{N}$
Lösungsmenge:

5 ☆ Gib eine weitere Ungleichung an, die zur Lösungsmenge passt.
Grundmenge $\mathbb{N}$; L = {0; 1; 2; 3; 4}

$2x + 3 < x + 8$

6 ☆ Gib eine weitere Gleichung an, die zur Lösungsmenge passt.
Grundmenge $\mathbb{Q}$; L = {5}

$2x + 15 = 25$

zu 1 bis 4
{2}; {3}; {4}; {4}; {1; 2}; {0; 1; 2}; {0; 1; 2}

1.1 Bestimme die Lösungsmenge durch Einsetzen.
Grundmenge $\mathbb{N}$

a) $5x - 2 < 3x + 4$ b) $25 - 3x < x + 9$ c) $3(x + 2) > x + 15$
d) $5x + 3 < 7x - 6$ e) $x^2 + 89 < 120 - x^2$ f) $3x^2 - 89 = 2x^2 - 25$
g) $3(x + 3) = 25 - x$ h) $4x + 4 = 2x + 8$ i) $5(x - 3) = 6 - x$

4.1 Bestimme die Lösungen im Kopf. Grundmenge $\mathbb{N}$

a) $5x < 27$ b) $35 < 17x$ c) $7 < 28x$
d) $3x > x + 4$ e) $4x < x + x + x + x$ f) $12x - 4 < x + 5$
g) $4x + 2 = 18$ h) $12x + 5 = 12x$ i) $7x < 3x + 8$

5.1 ☆ Gib zwei Ungleichungen an, die zur Lösungsmenge passen. Grundmenge $\mathbb{N}$

a) L = {0; 1; 2; 3} b) L = {3; 4; 5; …}
c) L = { } d) L = $\mathbb{N}$

7 Prüfe, ob die angegebene Lösungsmenge zur Gleichung gehört.

a) $3x = 14$; L = {4} b) $3x + 2 + 5x - 1 = 17$; L = {15}
c) $2x - (x + 1) = 3$; L = {4} d) $7x + 2 - (3x + 1) = 5$; L = $\left\{\frac{4}{5}\right\}$
e) $2(x + 1) = x + 5$; L = {4} f) $6(x + 1) = 6x + 6$; L = {$\mathbb{Q}$}

Äquivalenzumformungen überprüfen und durchführen

1 Welche Äquivalenzumformung wurde durchgeführt?

a) $x + 2 = 12$
$x = 10$ ______

b) $x - 8 = 4$
$x = 12$ ______

c) $5x = 35$
$x = 7$ ______

d) $\frac{1}{4}x = 5$
$x = 20$ ______

Äquivalenzumformungen
Bei Äquivalenzumformungen bleibt die Lösungsmenge gleich.

① **beidseitige Addition**

$x - 3 = 7 \quad | +3$
$x - 3 + 3 = 7 + 3$
$x = 10$

② **beidseitige Subtraktion**

$8 + x = 12 \quad | -8$
$8 - 8 + x = 12 - 8$
$x = 4$

③ **beidseitige Multiplikation**

$\frac{1}{3}x = 4 \quad | \cdot 3$
$\frac{1}{3} \cdot 3 \cdot x = 4 \cdot 3$
$x = 12$

④ **beidseitige Division** ($\neq 0$)

$8 \cdot x = 72 \quad | : 8$
$(8 \cdot x) : 8 = 72 : 8$
$x = 9$

2 Überprüfe, ob eine Äquivalenzumformung vorliegt. Bestimme zunächst für jede Gleichung die Lösungsmenge.

a) $3x + 2 = 5$ L = {1}
$3x = 3$ L =
Äquivalenzumformung? ☐ ja ☐ nein

b) $5x = 30$ ______
$x = 6$ ______
Äquivalenzumformung? ☐ ja ☐ nein

c) $2x - 6 = 6$ ______
$x - 6 = 6$ ______
Äquivalenzumformung? ☐ ja ☐ nein

d) $5(x + 4) = 35$ ______
$x + 4 = 7$ ______
Äquivalenzumformung? ☐ ja ☐ nein

e) $4x = 36$ ______
$x = 10$ ______
Äquivalenzumformung? ☐ ja ☐ nein

f) $11x - 8 = x + 2$ ______
$2x - 9 = 1$ ______
Äquivalenzumformung? ☐ ja ☐ nein

3 Welche Äquivalenzumformung wurde durchgeführt? Gib die gemeinsame Lösungsmenge an.

a) $7x + 5 = 40$
$7x = 35$ beidseitige Subtraktion von 5; L =

b) $3x - 9 = x - 3$
$2x - 9 = -3$ ______

4 Führe die in Kurzform angegebene Äquivalenzumformung durch.

a) $\frac{8}{9}x = 7 \quad | \cdot 9$
8x =

b) $\frac{2}{9}(x + 9) = 3 \quad | : 2$
______

c) $5x = 12 \quad | : 5$
______

Kurzform
für die Schreibweise von Äquivalenzumformungen:

beidseitige Addition von 3
$x - 3 = 5 \quad | + 3$
$x = 8$

beidseitige Subtraktion von 3
$x + 3 = 5 \quad | - 3$
$x = 2$

beidseitige Multiplikation mit 3
$\frac{1}{3}x = 5 \quad | \cdot 3$
$x = 15$

beidseitige Division durch 3
$3x = 5 \quad | : 3$
$x = \frac{5}{3}$

2.1 Überprüfe, ob eine Äquivalenzumformung vorliegt. Bestimme dazu für jede Gleichung die Lösungsmenge.

a) $3x = 12$
$x = 4$

b) $2x - 4 = 6$
$2x = 2$

c) $\frac{1}{5}x = 4$
$x = 20$

d) $\frac{1}{9}x = 9$
$x = 1$

e) $15x = 21 + 9$
$15x = 30$

f) $2(x + 1) = 6$
$2x + 2 = 6$

3.1 Welche Äquivalenzumformung wurde durchgeführt? Gib die gemeinsame Lösungsmenge an.

a) $3x + 9 = 24$
$3x = 15$

b) $5 = 7x - 2$
$7 = 7x$

c) $8x + 1 = x + 8$
$7x + 1 = 8$

4.1 Führe die angegebene Äquivalenzumformung durch.

a) $2x + 4 = 9 \quad | - 4$

b) $x - 23 = 0 \quad | + 23$

c) $3x = 54 \quad | : 3$

d) $\frac{1}{3}x = 7 \quad | \cdot 3$

e) $-5x + 2 = -9x \quad | + 9x$

f) $x + 9 = 0 \quad | - 9$

5 Erkläre den Fehler bei den Umformungen.

a) $3x + 9 = 43$
$3x = 52$

b) $7x - 6 = 3x + 4$
$4x = -2$

c) $\frac{5}{3}x = 6$
$5x = 2$

d) $3(x + 2) = 9$
$3x + 5 = 9$

e) $-2x = 6$
$x = 4$

f) $5x + 20 = x + 2$
$6x = -18$

Lineare Gleichungen lösen

1 $4(2x + 3) - 5 = 15$

$8x + 12$

$| -7$

$| : 8$

Lösungsmenge L = {

Lineare Gleichungen lösen $2(4x - 1) - 3x = 3 + 2x + 4$

(1) Klammern auflösen	$8x - 2 - 3x = 3 + 2x + 4$
(2) Ordnen und zusammenfassen	$5x - 2 = 2x + 7 \quad | -2x$ $3x - 2 = 7 \quad | +2$
(3) Äquivalenzumformungen durchführen	$3x = 9 \quad | :3$ $x = 3$
(4) Lösungsmenge notieren	$L = \{3\}$

2 a) $3x + 4 = 16 \quad | -4$ b) $-x - 3 = 5 \quad | +3$ c) $6x - 10 = 14 \quad | +10$

3 a) $4x + 3 - 2x = 7$ b) $9x - 5 - 5x = 19$ c) $8x + 3 = 6x + 17$

4 a) $3(x + 1) = 2x + 6$ b) $4(x - 2) = 2x + 16$ c) $5(x + 4) = 30 + 3x$

Probe
Prüfen, ob die errechnete Lösung beim Einsetzen zu einer wahren Aussage führt
Beispiel:
$3(x + 1) = 2x + 6$
$L = \{3\}$
3 anstelle von x einsetzen
$3(3 + 1) = 2 \cdot 3 + 6$
$12 = 12$
wahre Aussage,
Lösung ist richtig

Klammern auflösen
$3(x + 1) = 3x + 3$
$-3(2x - 5) = -6x + 15$

☑ zu 1 bis 4
{−8}; {1}; {2}; {3}; {4}; {4}; {5}; {6}; {7}; {12}

1.1 a) $3x + 4 = 7$ b) $4x - 6 = 6$ c) $2x + 8 = 2$
d) $-x + 7 = 9$ e) $-5 + 4x = 7$ f) $-7x + 4 = 25$
g) $6x + \frac{2}{3} = \frac{5}{3}$ h) $2x + \frac{1}{5} = \frac{3}{5}$ i) $\frac{3}{4}x + 3 = 9$

3.1 a) $-2x + 3 + 11 = 5 + 3x + 6 + 5x$
b) $3x + 11 + 11x = 25 - 6x + 6$ c) $4x - 13 + 28x = 26x + 3 - 2x$
d) $3(x + 3) + 4 = 2x + 9$ e) $2 + 7x = 4(x - 3) + 5$
f) $5x - 9 = (3 - x)12 + 2x$ g) $5x - 3 = 11 - 2x$
h) $(2x + 5) \cdot 3 = 10 + 7x$ i) $4(5 - 2x) = 0{,}5x + 45{,}5$

3.2 a) $6x + 2 + 4x - 6 = 44$ b) $3x + 6 - 2x + 2 = 7$
c) $8x + 2 + 7x - 10 = 22$ d) $7x + 3 = 4x + 12$
e) $12x - 12 = 36 + 8x$ f) $4x + 2 = 5 - 7x$
g) $\frac{5}{2}x - \frac{3}{2} = \frac{3}{2}x + \frac{1}{4}$ h) $\frac{8}{9} - \frac{4}{5}x = \frac{4}{9} - \frac{9}{5}x$
i) $\frac{2}{7}x - \frac{3}{8} = \frac{7}{8} - \frac{10}{7}x$ j) $\frac{1}{2}(2x + 10) = \frac{1}{2}x + 7$

4.1 a) $4(x + 2) = 11$ b) $3(x + 3) = 7$
c) $12(4x - 3) = 14$ d) $3(x + 2) = 2x - 3$
e) $7(x - 2) = 16 - 3x$ f) $-5(3 - x) = 25 - 5x$
g) $4(3x + 2) = 11x + 5$ h) $3(9 - 8x) = 16x + 59$
i) $-7(7 - 5x) = 27x + 7$

4.2 a) $6(x + 2) = 3(x + 1) - 2x$ b) $3(4 - 2x) = -4(x - 5) + 6x$
c) $-2x + 9(3x - 5) = 2(5x + 9)$ d) $15 - 3(6x + 4) = 6(11 - 5x) + 3$
e) $7x - 4(12 - 6x) = 22 - 3(4x + 12)$
f) $13x + (12x - 2)5 = 4(3x + 2) - 9x$

4.3 ☆ a) $\frac{1}{2}(x + 2) = 7$ b) $\frac{1}{3}(x + 7) = 4$
c) $\frac{3}{5}(x - 2) = 9$ d) $\frac{4}{7}(x + 6) = 12$

5 Gib für die Gleichungen an, ob ihre Lösungen > 0; < 0 oder = 0 sind. Erkläre.
a) $4x - 14 = 10$ b) $-4x - 14 = 10$ c) $-4x + 14 = 10$

Mit Formeln rechnen

1 Berechne die Höhe h eines Dreiecks. Die Grundseite g ist 8 cm lang, der Flächeninhalt A beträgt 32 cm^2.

(1) ______________________

(2) ______________________

____

____

(3) ______________________

(4) ______________________

Mit Formeln rechnen

Berechne die Grundseite g eines Dreiecks.
Flächeninhalt A = 6 m^2; Höhe h = 3 m

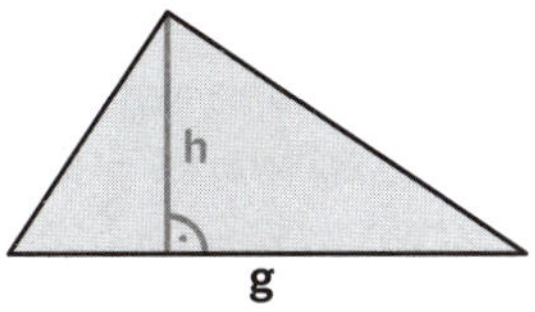

(1) Passende Formel notieren $A = \frac{g \cdot h}{2} \quad | \cdot 2$

(2) Formel nach der gesuchten Variablen umformen $2 \cdot A = g \cdot h \quad | : h$

$\frac{2 \cdot A}{h} = g$

$g = \frac{2 \cdot A}{h}$

(3) Werte einsetzen, berechnen $g = \frac{2 \cdot 6\,m^2}{3\,m} = 4\,m$

(4) Antwort notieren Die Grundseite ist 4 m lang.

2 Gesucht ist die Höhe h eines Trapezes. Die jeweils gegebenen Größen stehen in der Tabelle.

(1) ______________________

(2) ______________________

____

____

	a)	b)	c)	d)
a	8 cm	16 cm	2,5 cm	1,2 cm
c	3 cm	4 cm	0,8 cm	88,8 cm
A	22 cm^2	34 cm^2	2,475 cm^2	3150 cm^2
h				

(3) a) __________ b) __________ c) __________ d) __________

3 ☆ Löse die Formeln nach der in Klammern angegebenen Variablen auf.

a) $W = G \cdot p\%$; (p%) b) $V = G \cdot h$; (h) c) $R = \frac{U}{I}$; (I)

______________________ ______________________ ______________________

______________________ ______________________ ______________________

zu 2
Trapez

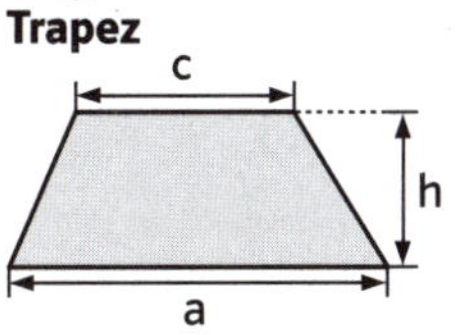

$A = \frac{a + c}{2} \cdot h$

$2A = (a + c) \cdot h$

zu 1 und 2
1,5; 3,4; 4; 8; 70

zu 3
Prozentformel
$W = G \cdot p\%$

Volumen eines Prismas
$V = G \cdot h$

Ohmsches Gesetz
$R = \frac{U}{I}$

1.1 Der Umfang u eines Rechtecks wird berechnet mit $u = 2(a + b)$, der Flächeninhalt A mit $A = a \cdot b$.
Berechne die fehlenden Werte.

	a)	b)	c)	d)
Seite a	2,1 cm	3,7 cm	9,4 cm	12,6 cm
Seite b	3,4 cm	6,0 cm		
Umfang u			28,6 cm	
Flächeninhalt A				11,34 cm^2

1.2 Berechne die Seite b eines Rechtecks.

	a)	b)	c)	d)
Seite a	5,2 cm	7,3 cm	4,9 cm	3,9 cm
Umfang u	16,8 cm	38,4 cm	24,0 cm	20,6 cm

	e)	f)	g)	h)
Seite a	20,1 cm	7,25 m	0,36 m	4,8 cm
Umfang u	51,4 cm	25,10 m	2,02 m	76,4 cm

2.1 Bestimme die Seite c des Trapezes.

	a)	b)	c)	d)
Seite a	12,0 cm	34,0 cm	34,0 cm	20,7 cm
Höhe h	5,0 cm	30,0 cm	36,0 cm	9,0 cm
Flächeninhalt A	37,5 cm^2	1350,0 cm^2	1818,0 cm^2	153,0 cm^2

3.1 ☆ Berechne die Anzahl der Zinstage mit der Zinsformel.
Forme diese zunächst nach t um. $\left(Z_t = \frac{K \cdot p\% \cdot t}{360}\right)$

	a)	b)	c)	d)
Kapital K	2880,00 €	270,00 €	16,00 €	576,00 €
Zinssatz p%	5 %	8 %	13,5 %	10,5 %
Zinstage Z_t	10,00 €	0,72 €	0,72 €	10,08 €

4 Der Umfang eines Rechtecks soll höchstens 36 cm sein. Die eine Seite des Rechtecks ist dabei viermal so lang wie die andere. Wie lang können die Seiten sein? Erkläre.

Sachaufgaben mit Gleichungen berechnen

1 Von einem 900 g schweren Käse werden 25 Scheiben abgeschnitten. Ein 400 g schweres Stück bleibt übrig. Wie schwer ist jede Scheibe?

Sachaufgaben: mit Gleichungen berechnen
Von einer 185 cm langen Holzleiste werden 4 gleich lange Stücke abgeschnitten. 25 cm bleiben übrig. Wie lang ist jedes abgeschnittene Stück?

(1) Variable festlegen	Länge der Stücke: x
(2) Terme aufstellen	1. Term | 2. Term $4x + 25$ | 185
(3) Gleichung schreiben	$4x + 25 = 185 \quad \mid -25$
(4) Gleichung lösen	$4x = 160 \quad \mid :4$ $x = 40$
(5) Antwort notieren	Die abgeschnittenen Stücke sind 40 cm lang.

2 Ein gleichschenkliges Dreieck hat einen Umfang von 20 cm, die Grundseite ist 3,4 cm lang. Berechne, wie lang die Schenkel sind.

3 Bei einer Fotobestellung zahlt Maren für 42 Fotos 5,77 €; inklusive 1,99 € Bearbeitungsgebühr. Wie viel Euro kostet ein Foto?

4 Ein Rechteck hat 24 cm Umfang. Die eine Seite ist doppelt so lang wie die andere. Berechne die Länge der Seiten.

5 ☆ Mutter und Tochter sind zusammen 52 Jahre alt. Die Mutter ist dreimal so alt wie die Tochter. Wie alt ist die Mutter, wie alt ist die Tochter?

Skizzen können helfen.

zu 2
Gleichschenkliges Dreieck

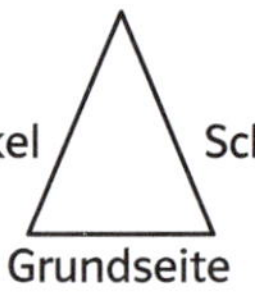

zu 4
Rechteck
$u = 2(a + b)$

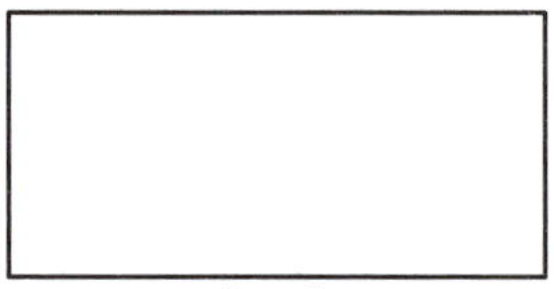

zu 1 bis 5
0,09; 4; 8; 8,3; 13; 20; 39

6 Ein Blatt Papier ist 5 cm länger als breit. Der Umfang beträgt 48 cm. Berechne Länge und Breite.

7 Ein Rechteck ist viermal so lang wie breit. Der Flächeninhalt beträgt 64 cm^2. Berechne die Länge der Seiten.

8 Aus einem 220 cm langen Draht soll das Kantenmodell eines Quaders gebaut werden. Das Modell soll doppelt so hoch wie breit sein. Die Länge ist 10 cm. Berechne Höhe und Breite.

9 Ein mit Stahlträgern gleicher Sorte beladener Lkw hat ein Gesamtgewicht von 7,5 t. Nachdem 4 Träger abgeladen worden sind, wiegt der Lkw nur noch 5,0 t. Bestimme das Gewicht eines Stahlträgers.

10 ☆ Klaus und sein Vater sind zusammen 42 Jahre alt. Der Vater ist 28 Jahre älter. Wie alt ist Klaus?

11 ☆ Man erhält das Dreifache einer Zahl, wenn man das Doppelte dieser Zahl um 5 vergrößert. Wie lautet die Zahl?

Bunte Mischung

1 a) Gib eine Formel zur Berechnung der grauen Fläche A an.

$A_D =$

$A_T =$

$A =$

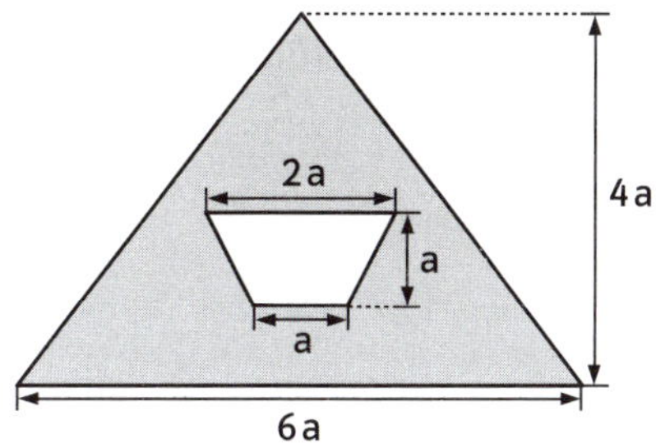

b) Fülle die Tabelle mithilfe der Formel aus.

a	1 cm	5 cm	9 m	12 dm
A				

2 Löse die Zinsformel $Z_t = \frac{K \cdot p\% \cdot t}{360}$ nach allen auftretenden Variablen auf.

a) Auflösen nach p%

b) Auflösen nach K

c) Auflösen nach t

3 Die Grundfläche einer quaderförmigen Sandkiste ist 4 m × 2,5 m groß. Sie wird mit 2 m³ Sand gefüllt. Wie hoch steht der Sand?

4 ☆ Eine Fensterscheibe ist 4 mm dick und 85 cm × 120 cm groß. Wie schwer ist die Scheibe, wenn 1 cm³ Glas 2,5 g wiegt?

zu 1

Dreieck

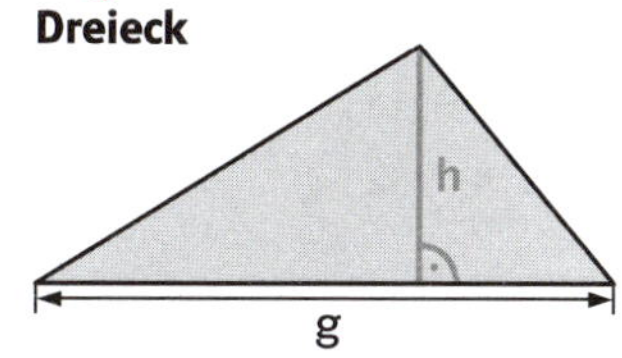

Flächeninhalt

$A_D = \frac{g \cdot h}{2}$

Trapez

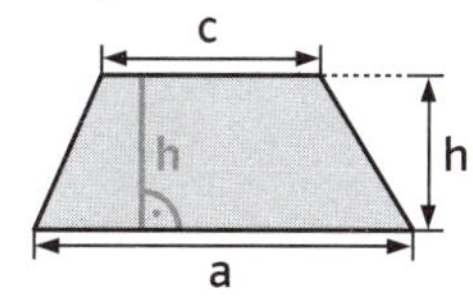

Flächeninhalt

$A_T = \frac{a + c}{2} \cdot h$

zu 2

Zinsformel

K Kapital

p% Zinssatz

t Anzahl der Zinstage

Z_t Zinsen pro Tag

Mit Formeln rechnen

(1) Passende Formel notieren

(2) Formel nach der gesuchten Variablen umformen

(3) Werte einsetzen, berechnen

(4) Antwort notieren

5 Löse die Gleichung durch schrittweises Umformen.

a) $5x + 17 = 42$ b) $6x + 14 = 21$ c) $14x + 3x = 8$

d) $6(x + 21) = 180$ e) $4(x - 7) = 4$ f) $3(x - 6) = 315$

g) $(x - 3) : 4 = 5$ h) $2(x - 1) + 1 = 3$ i) $1{,}2x - 5 = 1$

6 a) Stelle eine Formel für die Berechnung des Oberflächeninhalts O eines Quaders mit den Kanten a, b, c auf.

b) Berechne den Oberflächeninhalt O mit dieser Formel.

	a)	b)	c)	d)
Seite a	4,0 cm	2,6 cm	12,0 cm	56,3 cm
Seite b	5,0 cm	4,0 cm	0,7 cm	49,2 cm
Seite c	3,0 cm	2,6 cm	2,0 cm	19,8 cm

7 Aus einem 220 cm langen Draht wird ein Quadrat gebogen. Wie lang ist jede Seite?

8 In einem Rechteck ist eine Seite doppelt so lang wie die andere. Der Umfang beträgt 30 cm. Bestimme die Seitenlängen.

9 Bei einem gleichschenkligen Dreieck sind die Schenkel doppelt so lang wie die Grundseite g. Der Umfang beträgt 60 cm. Wie lang sind die Seiten?

10 Ein Paket mit Dosen soll höchstens 12 kg wiegen. Für die Verpackung sind 500 g zu rechnen. Wie viele Dosen zu je 300 g kann man einpacken? Erkläre den Lösungsweg.

1 Äquivalenzumformungen überprüfen ☹ 😐 ☺

Welche Äquivalenzumformung wurde durchgeführt?

$x + 2 = 14 \quad | \_\_\_\_\_\_$
$x = 12$

Welche Äquivalenzumformungen wurden durchgeführt?

$5(x + 2) = 70 \quad | \_\_\_\_\_\_$
$x + 2 = 14 \quad | \_\_\_\_\_\_$
$x = 12$

Welche Äquivalenzumformungen wurden durchgeführt?

$5(3x + 2) = 115 \quad | \_\_\_\_\_\_$
$3x + 2 = 23 \quad | \_\_\_\_\_\_$
$3x = 21 \quad | \_\_\_\_\_\_$
$x = 7$

2 Gleichungen durch schrittweises Umformen lösen ☹ 😐 ☺

Berechne x.

$7x + 8 = 43$

Berechne x.

$10x + 8 = 43 + 3x$

Berechne x.

$2(5x + 4) = 43 + 3x$

3 Formeln umstellen ☹ 😐 ☺

Stelle die Formel $R = \frac{U}{I}$ nach U um.

Stelle die Formel $W = G \cdot p\%$ nach p% um.

Stelle die Formel $A = \frac{(a + c) \cdot h}{2}$ nach a um.

4 Aufgaben mit Formeln berechnen ☹ 😐 ☺

Die Formel für die Berechnung des Flächeninhalts A des Dreiecks ist $A = \frac{g \cdot h}{2}$.
Berechne g für $A = 35\,cm^2$; $h = 5\,cm$.

Die Formel für die Berechnung des Prozentwertes W ist $W = G \cdot p\%$.
Berechne G für $W = 35\,€$; $p\% = 7\%$.

Die Formel für die Berechnung des Flächeninhalts A des Trapezes ist $A = \frac{a + c}{2} \cdot h$.
Berechne h für $A = 45\,cm^2$; $a = 10\,cm$; $c = 8\,cm$.

5 Sachaufgaben mit Gleichungen berechnen ☹ 😐 ☺

Ein gleichseitiges Dreieck hat einen Umfang von 24 cm. Wie lang ist jede Seite?

Aus einem 21 cm langen Draht wird ein gleichschenkliges Dreieck gebogen. Die Basis ist 6 cm lang. Wie lang ist ein Schenkel?

Ilka und ihre Oma sind zusammen 72 Jahre alt. Die Oma ist fünfmal so alt wie Ilka. Wie alt ist Ilka?

Formen und Eigenschaften von Prismen und Zylindern

1 Kreuze zutreffende Aussagen an.

Zwei gegenüberliegende Flächen sind parallel zueinander.				
Alle gegenüberliegenden Flächen sind parallel zueinander.				
Zwei gegenüberliegende Flächen sind deckungsgleich.				
Alle gegenüberliegenden Flächen sind deckungsgleich.				
Der Körper hat zwei gleich große Kreisflächen.				
Der Körper besteht aus drei Flächen.				

Gerade Prismen

Quader

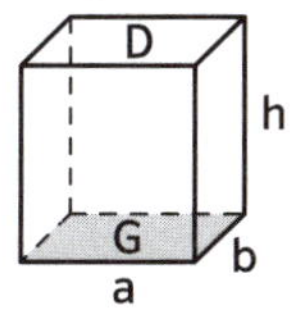

Dreiecksprisma

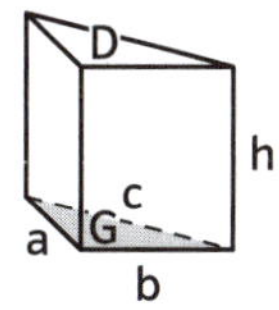

Sechsecksprisma

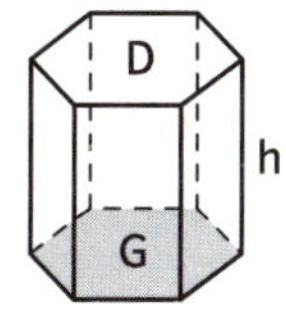

- Grundfläche G und Deckfläche D sind deckungsgleiche Vielecke
- G und D sind parallel zueinander
- alle Seitenkanten sind parallel und gleich lang
- Seitenflächen (Mantelflächen) sind Rechtecke, senkrecht zu G und D

Gerader Zylinder

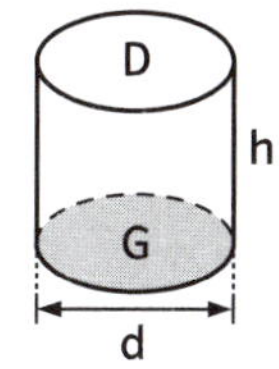

- Grundfläche G und Deckfläche D sind gleich große Kreise
- G und D sind parallel zueinander
- Mantelfläche ist ein Rechteck

2 Vervollständige das Netz des Prismas und färbe die Grund- und Deckflächen rot, die Mantelflächen gelb.

a)

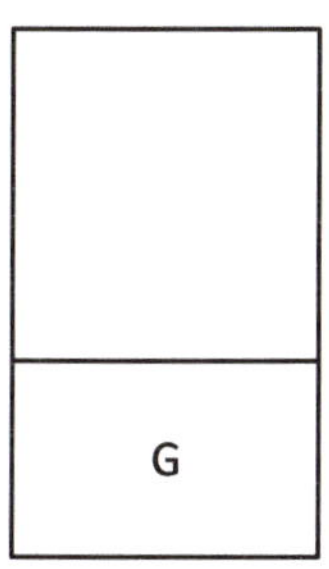

b)

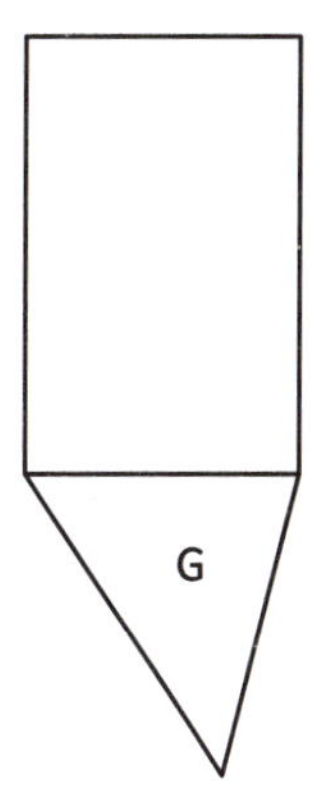

Netz des Quaders

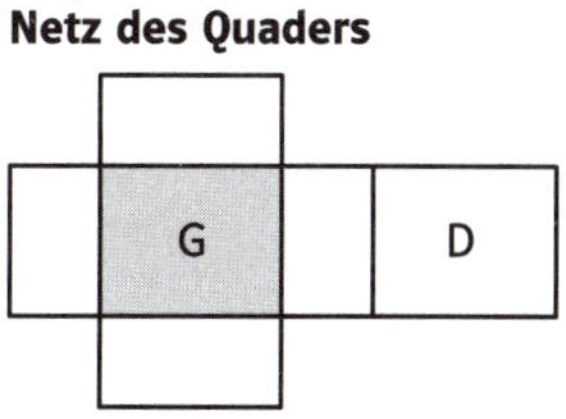

Netz des Dreiecksprismas

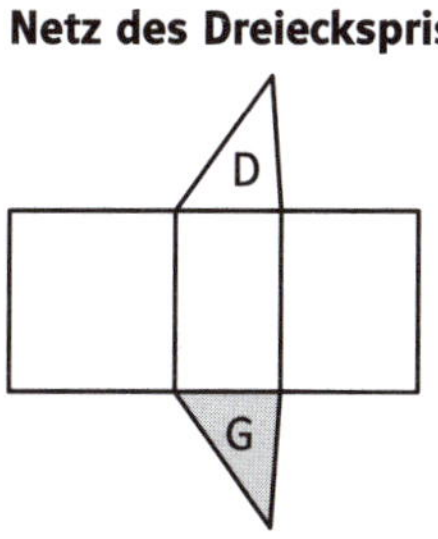

Netz des Zylinders

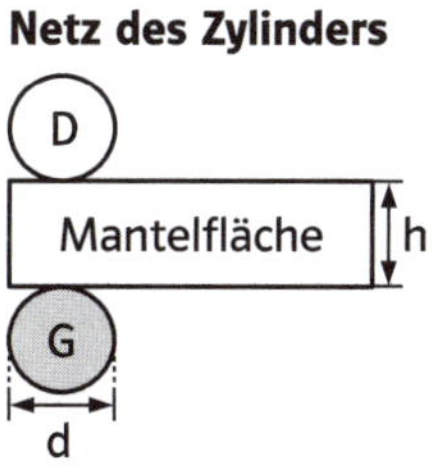

3 Zeichne das Netz der nebenstehenden Prismen. Färbe jeweils Grund- und Deckfläche rot und die Mantelflächen gelb.

a) ☆

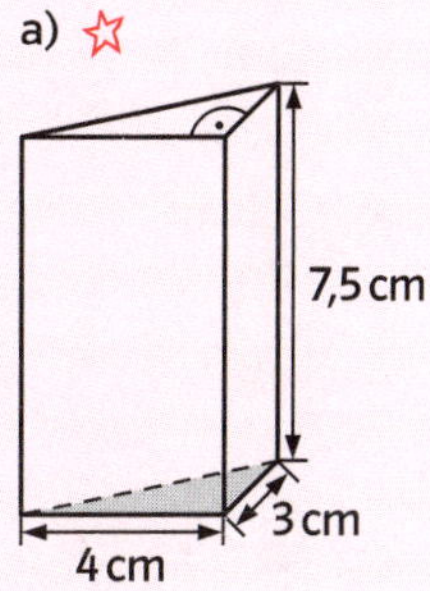

b)

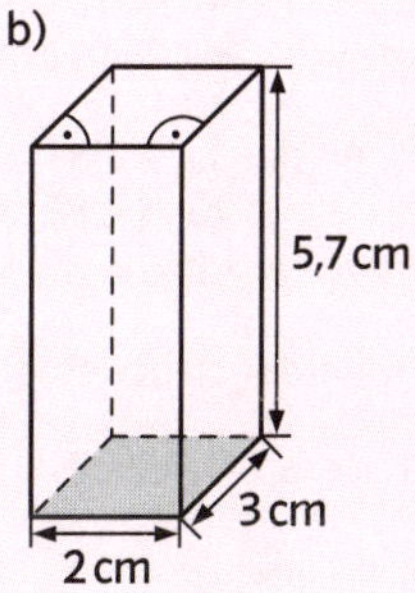

c)

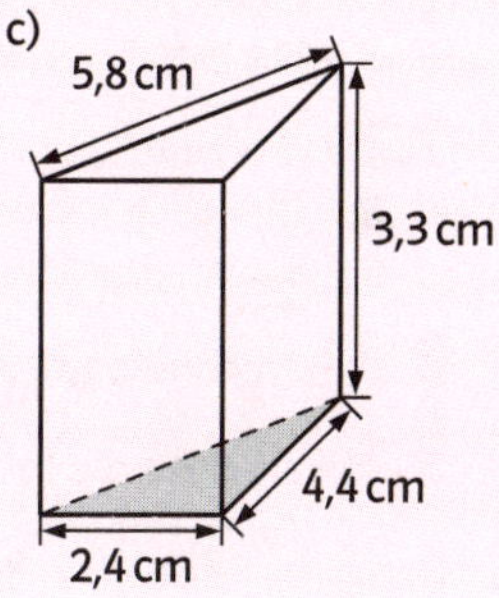

4 Zeichne das Netz eines Quaders.

a) a = 3,0 cm; b = 4,0 cm; c = 5,0 cm
b) a = 2,8 cm; b = 3,4 cm; c = 4,4 cm
c) a = 3,5 cm; b = 3,6 cm; c = 3,0 cm
d) a = 3,3 cm; b = 2,9 cm; c = 3,5 cm

5 Zeichne das Netz eines Dreiecksprismas.

a) a = 2,0 cm; b = 3,0 cm; c = 1,5 cm; h = 4,0 cm
b) a = 2,4 cm; b = 2,5 cm; c = 2,6 cm; h = 3,0 cm
c) a = 3,0 cm; b = 1,8 cm; c = 2,6 cm; h = 1,5 cm
d) a = 2,7 cm; b = 2,7 cm; c = 2,2 cm; h = 2,7 cm

6 Überprüfe die Aussagen und erkläre:

a) Ein Würfel ist ein gerades Prisma.
b) Ein Achtecksprisma hat 8 rechteckige Seitenflächen.

Volumen von Prismen und Zylindern berechnen

1 Berechne das Volumen V.
Runde sinnvoll.

	a) Prisma	b) Zylinder
Grundfläche G	$45\,cm^2$	$74\,cm^2$
Körperhöhe h	7,5 cm	20,5 cm
Volumen V		

Volumen V berechnen

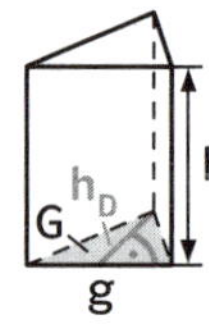

Dreiecksprisma
Körperhöhe h
Grundfläche G

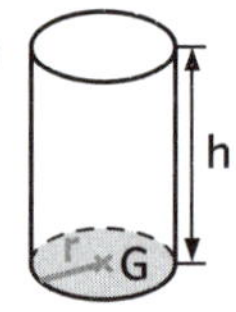

Zylinder
Körperhöhe h
Grundfläche G

	Dreiecksprisma	Zylinder
(1) Gegebene Werte notieren	$g = 4\,cm$ $h_D = 2\,cm$ $h = 5\,cm$	$r = 2\,cm$ $h = 5\,cm$
(2) Formel notieren	$V = G \cdot h$ $V = \frac{g \cdot h_D}{2} \cdot h$	$V = G \cdot h$ $V = \pi \cdot r^2 \cdot h$
(3) Werte einsetzen, berechnen	$V = \frac{4\,cm \cdot 2\,cm}{2} \cdot 5\,cm$ $= 20\,cm^3$	$V = \pi \cdot (2\,cm)^2 \cdot 5\,cm$ $\approx 62{,}8\,cm^3$

2 Berechne das Volumen V.
Runde sinnvoll.

a)

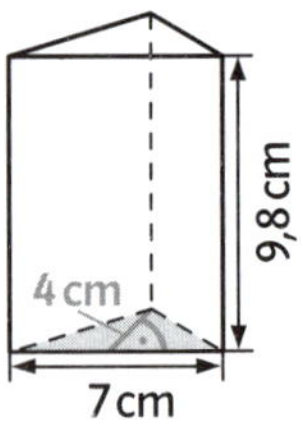

(1) $g = 7\,cm$, $h_D = 4\,cm$, $h = 9{,}8\,cm$

(2) ______________________

____

(3) ______________________

____

b)

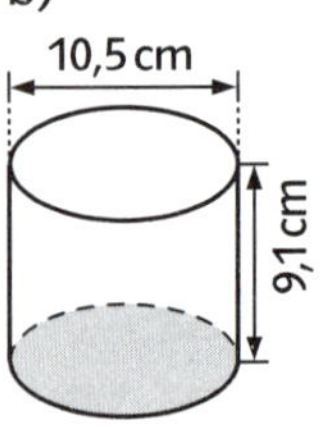

____

____

____

____

____

c)

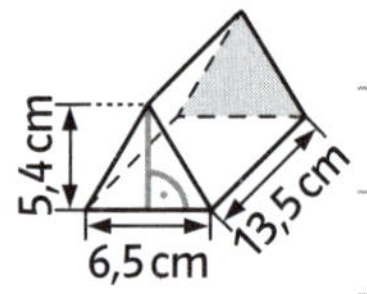

____

____

____

____

____

3 Berechne die fehlende Größe des Zylinders. Runde sinnvoll.

	a)	b)	c)	d)	☆ e)	☆ f)
Radius r	2 cm	3,2 cm	4,6 cm	8,5 cm	1,5 cm	3 cm
Körperhöhe h	5,5 cm	7,6 cm	14,3 cm	33 cm		
Volumen V					$56{,}5\,cm^3$	$99\,cm^3$

Volumen Prisma / Zylinder

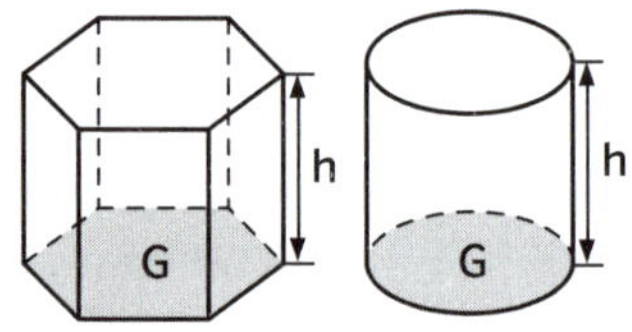

$V = G \cdot h$ $V = G \cdot h$

Tipps zur Kennzeichnung
- Kennzeichne die Grundfläche G (rot)
- Kennzeichne die Körperhöhe mit h (blau)

☑ zu 1 bis 3
3,5; 8; 69,1; 137,2; 236,9; 244,5; 337,5; 787,97; 950,6; 1517; 7490,3

2.1 Berechne das Volumen des Prismas.
a) $G = 23\,cm^2$; $h = 7{,}2\,cm$ b) $G = 56\,cm^2$; $h = 5{,}7\,cm$
c) $G = 11{,}8\,m^2$; $h = 3{,}85\,m$ d) $G = 50\,m^2$; $h = 3{,}2\,m$

2.2 Berechne das Volumen des Zylinders.
a) $G = 17\,cm^2$; $h = 4{,}4\,cm$ b) $G = 83\,cm^2$; $h = 5{,}8\,cm$
c) $G = 8{,}4\,m^2$; $h = 1{,}55\,m$ d) $G = 8\,m^2$; $h = 72\,cm$

2.3 Berechne das Volumen der nebenstehenden Körper.

a)

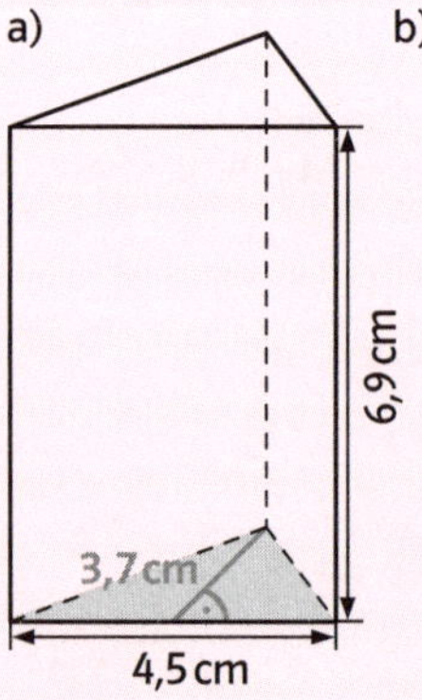

b)

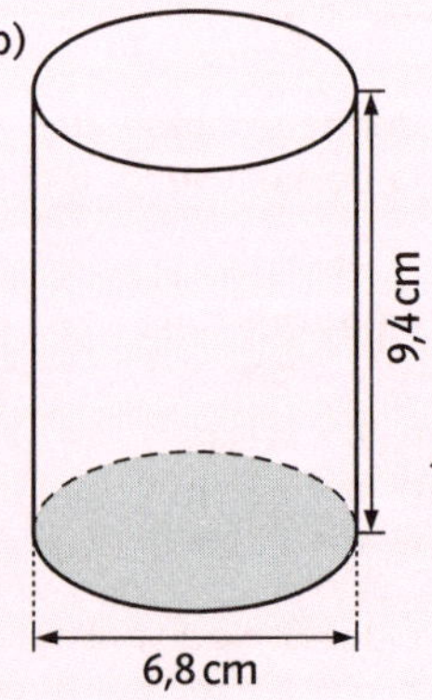

c)

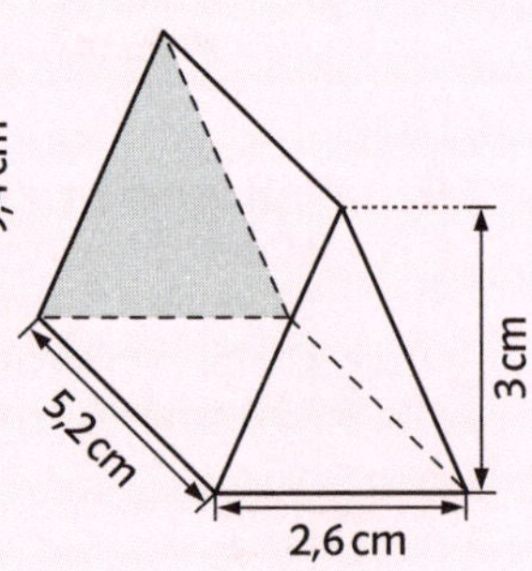

3.1 Berechne die fehlende Größe des Zylinders.

	a)	b)	c)	d)	☆ e)	☆ f)
r	6 cm	2,8 cm	2,3 cm	5,7 cm	2,4 cm	1,8 cm
h	2,5 cm	9,7 cm	17 cm	11,8 cm		
V					$90\,cm^3$	$35\,cm^3$

4 Erkläre, dass man aus $V = G \cdot h$ auch die Volumenformel von Quader ($V = a \cdot b \cdot c$) und Würfel ($V = a^3$) erhalten kann.

Oberflächeninhalt von Prismen berechnen

1 Berechne den Oberflächeninhalt O des Prismas.

(1) $G = 10{,}5\,cm^2$; $M = 82{,}8\,cm^2$

(2) O = ______________________

(3) ______________________

____

Oberflächeninhalt O von Prismen berechnen

(1) Gegebene Werte notieren	$a = 2\,cm$; $b = 3\,cm$; $c = 4\,cm$; $h_c = 1{,}5\,cm$; $h = 5\,cm$
(2) Formeln notieren	$O = 2 \cdot G + M$ $G = \frac{g \cdot h_c}{2}$; $M = (a + b + c) \cdot h$
(3) Werte einsetzen, berechnen	$G = \frac{4\,cm \cdot 1{,}5\,cm}{2} = 3\,cm^2$ $M = (2\,cm + 3\,cm + 4\,cm) \cdot 5\,cm = 45\,cm^2$ $O = 2 \cdot 3\,cm^2 + 45\,cm^2 = 51\,cm^2$

2 Berechne den Oberflächeninhalt O des Dreiecksprismas. Runde sinnvoll.

a)
(1) $a = 4{,}5\,cm$; $b = 2{,}5\,cm$; $c = 5{,}5\,cm$; $h_c = 2\,cm$; $h = 6{,}5\,cm$

(2) O = ______________________

G = __________ M = __________

(3) ______________________

____

____

b)
$a = 4{,}5\,cm$; $b = 5\,cm$; $c = 6{,}2\,cm$; $h_c = 3{,}5\,cm$; $h = 4{,}8\,cm$

____

____

____

____

____

3 Berechne den Oberflächeninhalt O des Prismas. Runde sinnvoll.

(1) ______________________

(2) ______________________

____

(3) ______________________

____

____

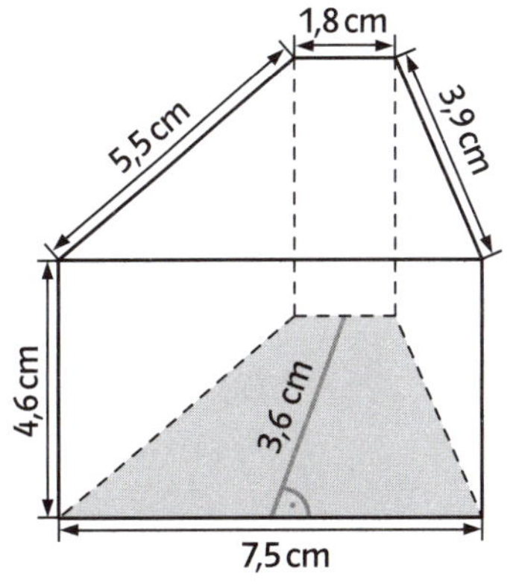

Oberflächeninhalt eines Dreiecksprismas

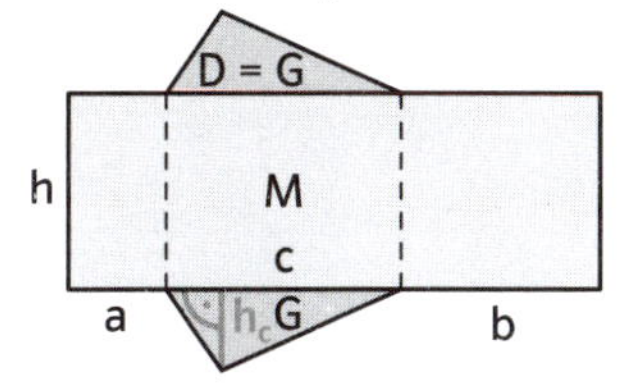

G Grundfläche
M Mantelfläche

$O = 2 \cdot G + M$

Flächeninhalt eines Trapezes

$A = \frac{a + c}{2} \cdot h$

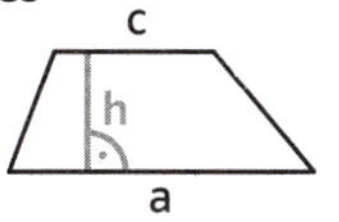

Netz eines Trapezprismas

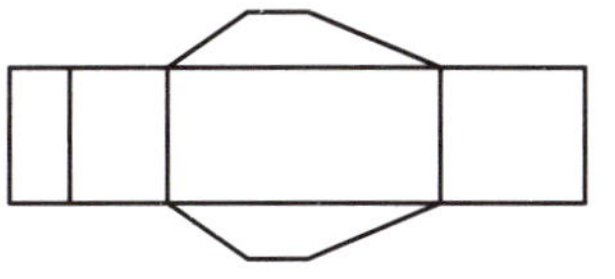

zu 1 bis 3
92,25; 97,06; 103,8; 119,5

1.1 Berechne den Oberflächeninhalt O des Prismas.

a) $G = 20{,}4\,cm^2$, $M = 118{,}3\,cm^2$
b) $G = 21{,}6\,cm^2$, $M = 183{,}6\,cm^2$
c) $G = 20\,cm^2$, $M = 119{,}7\,cm^2$

2.1 Berechne den Oberflächeninhalt O des Dreiecksprismas.

a) $a = 4{,}0\,cm$; $b = 3{,}4\,cm$; $c = 4{,}4\,cm$; $h_c = 3{,}0\,cm$; $h = 7{,}5\,cm$
b) $a = 3{,}3\,cm$; $b = 5{,}2\,cm$; $c = 3{,}6\,cm$; $h_c = 3{,}3\,cm$; $h = 4{,}8\,cm$
c) $a = 4{,}2\,cm$; $b = 2{,}8\,cm$; $c = 4{,}0\,cm$; $h_c = 2{,}7\,cm$; $h = 6{,}3\,cm$
d) $a = 3{,}5\,cm$; $b = 3{,}5\,cm$; $c = 2{,}2\,cm$; $h_c = 3{,}2\,cm$; $h = 9{,}8\,cm$

3.1 Berechne den Oberflächeninhalt O der nebenstehenden Körper.

a)

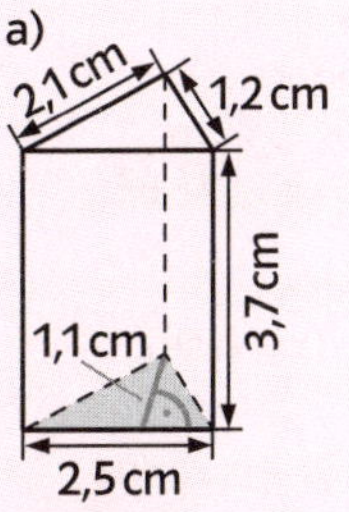

b)

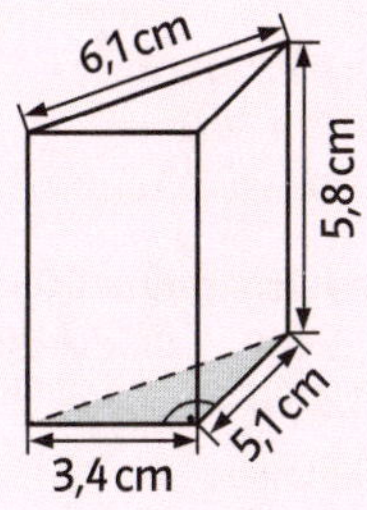

c)

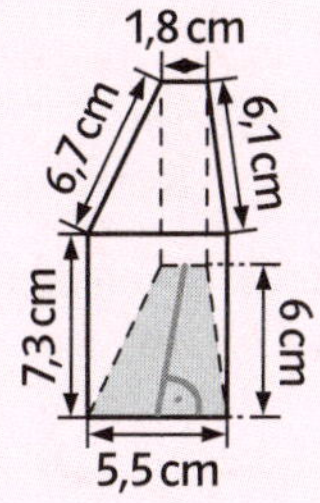

4 Erkläre, dass man aus $O = 2 \cdot G + M$ auch die Formel für den Oberflächeninhalt des Würfels ($O = 6 \cdot a^2$) erhalten kann.

Oberflächeninhalt von Zylindern berechnen

1 Berechne den Oberflächeninhalt O des Zylinders.

(1) $G = 19{,}6\,cm^2$; $M = 111{,}5\,cm^2$

(2) O = ______

(3) ______

______

Oberflächeninhalt O von Zylindern berechnen

(1) Gegebene Werte notieren	$d = 2\,cm$; $h = 5\,cm$
(2) Formeln notieren	$O = 2 \cdot G + M$ $G = \pi \cdot r^2$ $M = 2 \cdot \pi \cdot r \cdot h$
(3) Werte einsetzen, berechnen	$G = \pi \cdot (1\,cm)^2 \approx 3{,}1\,cm^2$ $M = 2 \cdot \pi \cdot 1\,cm \cdot 5\,cm \approx 31{,}4\,cm^2$ $O = 2 \cdot 3{,}1\,cm^2 + 31{,}4\,cm^2 = 37{,}6\,cm^2$

2 Berechne den Oberflächeninhalt O des Zylinders. Runde sinnvoll.

a) (1) $d = 3{,}4\,cm$; $h = 9{,}5\,cm$

(2) O = ______

G = ______ M = ______

(3) ______

______

______

______

b) $d = 4{,}6\,cm$; $h = 8{,}8\,cm$

______

______

______

______

______

______

3 Berechne den Oberflächeninhalt O des Zylinders. Runde sinnvoll.

a)

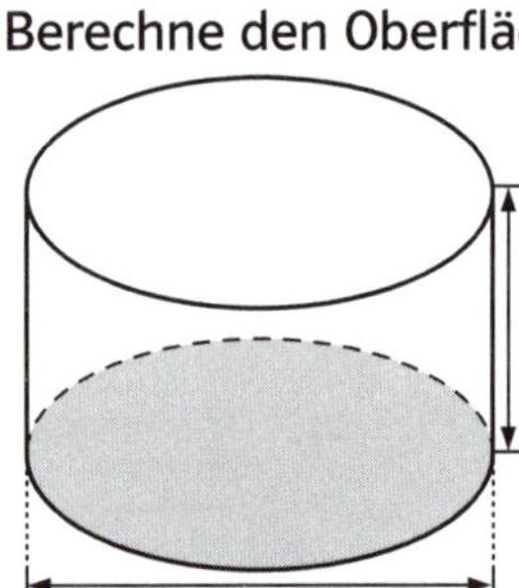

(1) ______

(2) ______

______

(3) ______

______

______

b)

(1) ______

(2) ______

______

(3) ______

______

______

Oberflächeninhalt eines Zylinders

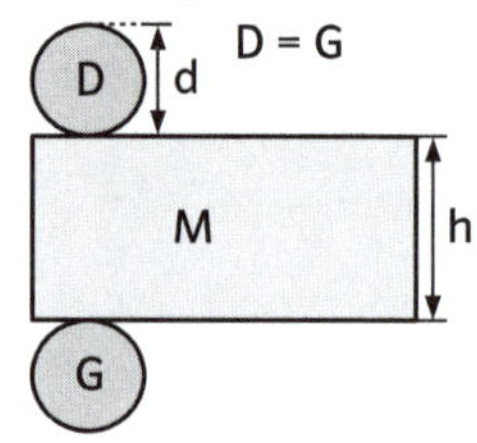

G Grundfläche
M Mantelfläche

$O = 2 \cdot G + M$

Flächeninhalt Kreis

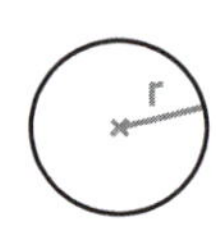

$A = \pi \cdot r^2$

Mantelfläche

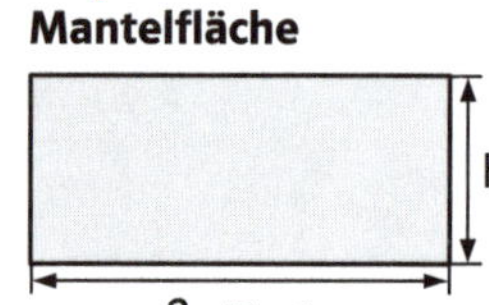

$M = 2 \cdot \pi \cdot r \cdot h$

zu 1 bis 3
107,5; 119,7; 150,7; 160,4; 190,1

1.1 Berechne den Oberflächeninhalt O des Zylinders.

a) $G = 95\,cm^2$, $M = 96{,}8\,cm^2$ b) $G = 30{,}2\,cm^2$, $M = 146{,}1\,cm^2$ c) $G = 15{,}2\,cm^2$, $M = 132{,}7\,cm^2$

2.1 Berechne den Oberflächeninhalt O des Zylinders.

a) $d = 4{,}4\,cm$, $h = 9\,cm$ b) $d = 1{,}8\,cm$, $h = 6{,}3\,cm$ c) $d = 20\,cm$, $h = 10\,cm$ d) $d = 15\,cm$, $h = 15\,cm$
e) $r = 1{,}5\,cm$, $h = 7\,cm$ f) $r = 2{,}4\,cm$, $h = 8{,}5\,cm$ g) $r = 45\,cm$, $h = 77\,cm$ h) $r = 25\,cm$, $h = 65\,cm$

3.1 Berechne den Oberflächeninhalt O der Körper a) und b).

a)

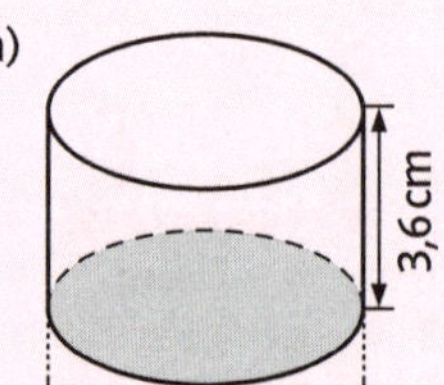

b)

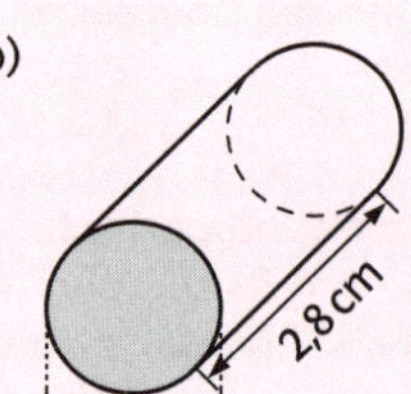

4 Erkläre, dass die Formel $O = 2 \cdot G + M$ für die Berechnung des Oberflächeninhalts bei Prismen und Zylindern gilt.

Sachaufgaben berechnen

1 Fasst die Regentonne 250 Liter?

(2) ______

(3) $V = G \cdot h = \pi \cdot r^2 \cdot h$

(4) ______

______

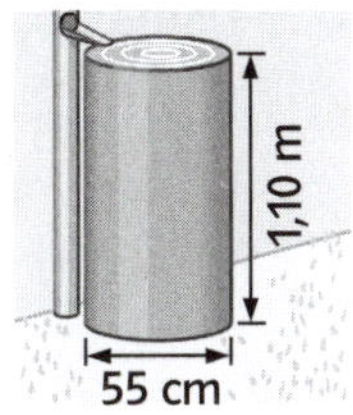

(5) ______

Sachaufgaben berechnen

(1) Überlegen, was gesucht ist; wenn nötig, eine Skizze anlegen

(2) Gegebene Werte notieren

(3) Formel notieren

(4) Werte einsetzen, berechnen

(5) Antwort notieren

2 Wie viel Liter Wasser sind in dem 50 m langen Gartenschlauch?

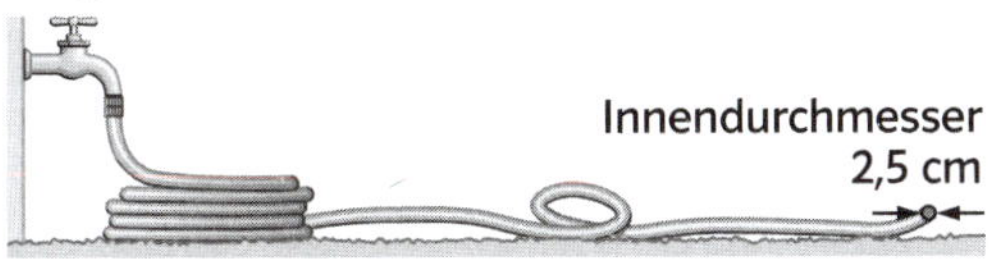

3 Wie viel cm^2 Pappe braucht man für die Verpackung (ohne Verschnitt)?

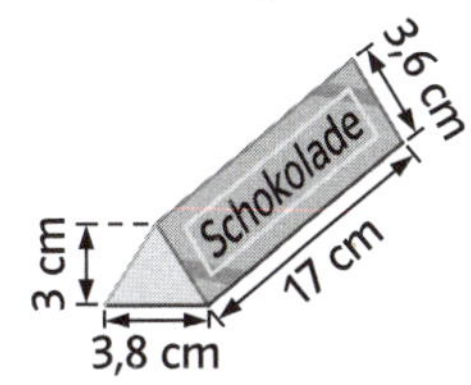

$1\,l = 1\,dm^3$

$1000\,cm^3 = 1\,dm^3$

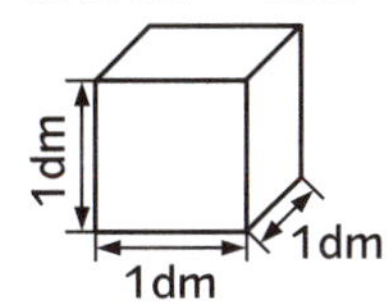

4 Berechne den umbauten Raum im Dachgeschoss in m^3.

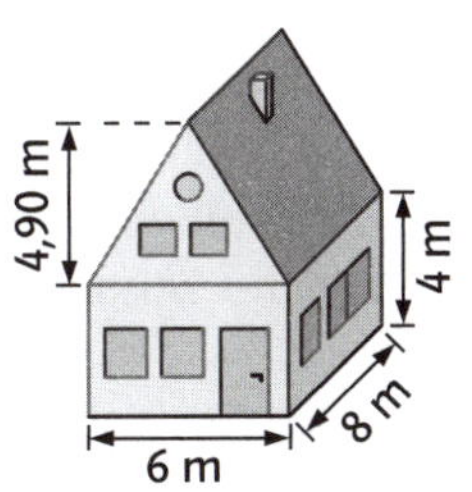

5 Wie viel cm^2 Blech braucht man für eine Dose (ohne Verschnitt)?

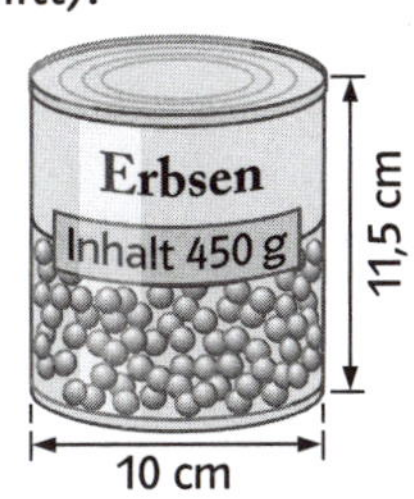

i zu 4 und 6
Umbauter Raum
Rauminhalt eines Hauses oder einer Wohnung

✓ zu 1 bis 5
24,5; 117,6; 198,4; 261,3; 518,3

1.1 Eine Regentonne ist 1,20 m hoch und hat einen Durchmesser von 50 cm. Fasst sie 240 l Wasser?

2.1 Wie viel Liter Wasser fasst ein 100 m langes Wasserrohr mit einem inneren Durchmesser von 8 cm?

3.1 a) Wie viel cm^2 Pappe braucht man für die Schachtel (Figur 1)?
b) Wie viel cm^2 Stoff braucht man für das Sitzkissen (Figur 2)?

6 Berechne den umbauten Raum des Hauses (Figur 3) in m^3.

7 Die Dichte von Kupfer beträgt $8{,}9\,g/cm^3$. Wie schwer ist ein 50 m langer Kupferdraht mit dem Durchmesser 4 mm?

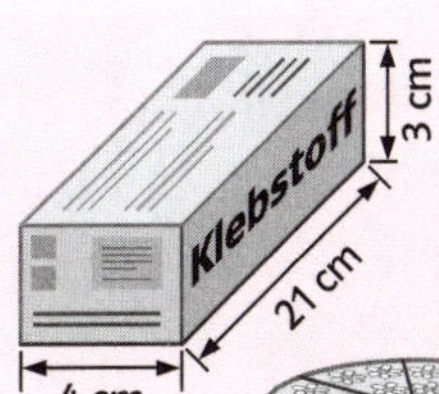

Figur 1

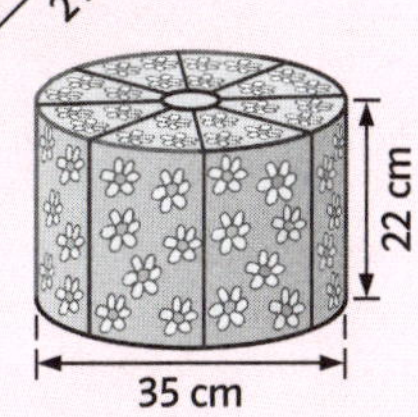

Figur 2

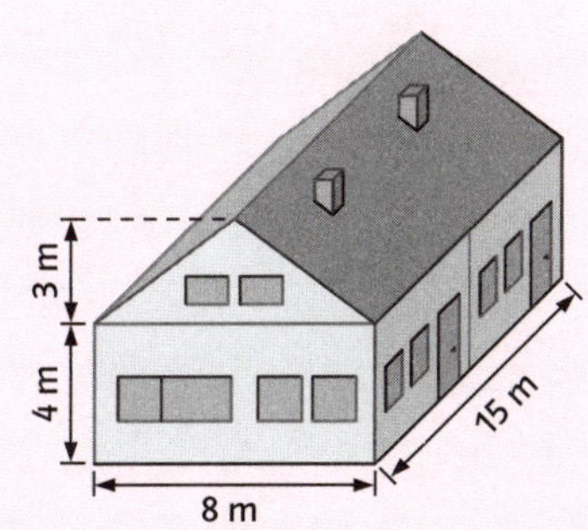

Figur 3

1 Netz eines Körpers darstellen ☹ 😐 ☺

Vervollständige das Netz des Quaders.

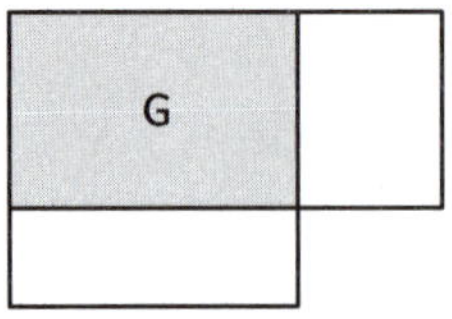

Vervollständige das Netz des Prismas.

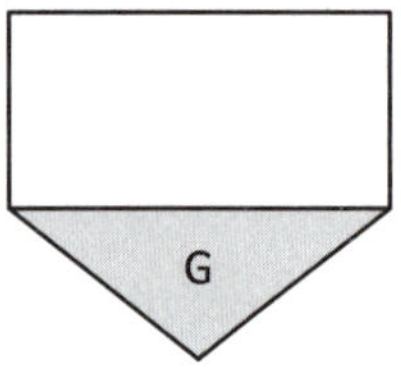

Vervollständige das Netz des Prismas.

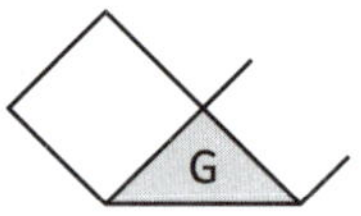

2 Volumen eines Prismas berechnen ☹ 😐 ☺

Berechne das Volumen V des Quaders.
$G = 36\,cm^2$; $h = 9\,cm$

Berechne das Volumen V des Prismas.

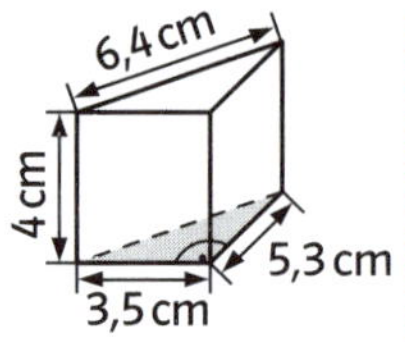

Berechne das Volumen V der Schachtel.

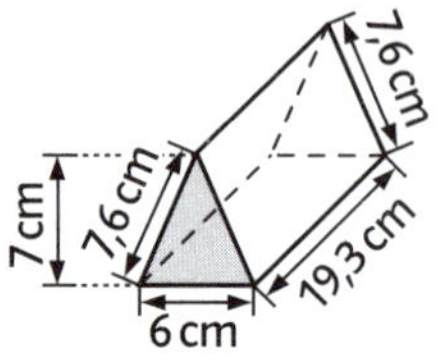

3 Volumen eines Zylinders berechnen ☹ 😐 ☺

Berechne das Volumen V des Zylinders.
$G = 67\,cm^2$; $h = 4\,cm$

Berechne das Volumen V des Zylinders.

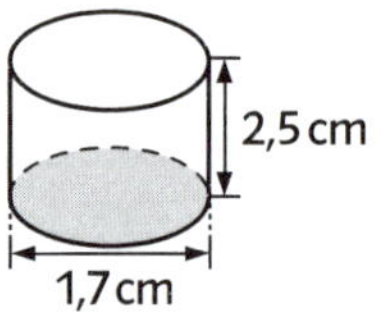

Eine Konservendose hat die Maße $d = 7{,}5\,cm$ und $h = 10{,}5\,cm$.
Berechne das Volumen V.

4 Oberfläche eines Prismas berechnen ☹ 😐 ☺

Berechne den Oberflächeninhalt O des Prismas.
$G = 16\,cm^2$; $M = 46\,cm^2$

Berechne den Oberflächeninhalt O des Prismas in Aufgabe 2.

Wie viel cm^2 Pappe braucht man für die Schachtel in Aufgabe 2?

5 Oberfläche eines Zylinders berechnen ☹ 😐 ☺

Berechne den Oberflächeninhalt O des Zylinders.
$G = 5{,}3\,cm^2$; $M = 49\,cm^2$

Berechne den Oberflächeninhalt O des Zylinders in Aufgabe 3.

Wie viel cm^2 Blech braucht man für die Dose in Aufgabe 3?

Stichproben erheben und verwenden

1 In der Stadt Emden sind 12 000 Pkws zugelassen. Wie viele der Pkws könnten folgende Farbe haben:

a) Schwarz 12 000 · ____________

b) Grau/Silber ____________

c) Blau ____________

d) Entscheide, ob diese Stichprobe sinnvoll ist, um die Farbe aller Pkws in Deutschland zu bestimmen.

Stichproben erheben und verwenden

Die Farbverteilung von 80 Pkws auf einem Parkplatz wurde ausgezählt, um sie für weitere statistische Aussagen zu verwenden.

(1) Absolute und relative Häufigkeit bestimmen

	Schwarz	Grau/ Silber	Blau	Rot	Sonstige
absolute Häufigkeit	22	27	7	10	14
relative Häufigkeit	0,275	0,338	0,088	0,125	0,175

(2) Mögliche Anzahl für andere Gesamtheiten bestimmen:

Gesamtheit · relative Häufigkeit

Wie viele von 12 000 Pkws sind rot?

$12\,000 \cdot 0{,}125 = 1500$

1500 Pkws sind rot.

2 Auf einem Parkplatz in Emden wurden 125 Pkws nach Hersteller erfasst.

a) Bestimme die relative Häufigkeit der einzelnen Hersteller.

b) Wie viele der 12 000 Pkws in Emden könnten von welchen Herstellern sein?

c) In der BRD waren 42,3 Mio. Pkws (Stand 1.1.2011) zugelassen. Könnte man diese Stichprobe für die Bestimmung der Anzahlen von den einzelnen Herstellern verwenden? Bestimme die möglichen Anzahlen und vergleiche sie mit aktuellen Zulassungszahlen im Internet.

	VW	Opel	Mercedes	Ford	BMW	Sonstige
absolute Häufigkeit	45	12	9	5	11	43
a) relative Häufigkeit						
b) mögliche Anzahl in Emden						
c) mögliche Anzahl in der BRD						

Stichprobe

Wenn bei einer statistischen Erhebung nur ein Teil der Gesamtheit untersucht wird, spricht man von einer Stichprobe.

Das Ergebnis einer Stichprobe soll eine verlässliche Aussage über eine andere Gesamtheit ermöglichen.

3 Erstelle in deiner Klasse eine Statistik über die Nutzung des Internets. Befrage dazu deine Mitschülerinnen und Mitschüler, wie lange sie im Durchschnitt täglich das Internet nutzen.

a) Trage die absolute Häufigkeit als Strichliste in die Tabelle ein.

b) Bestimme die relative Häufigkeit.

c) Kann man diese Stichprobe für die Gesamtheit der Schüler deiner Schule (deiner Stadt) verwenden? Erkläre.

	< 15 min	15 bis 30 min	30 bis 45 min	45 bis 60 min	1 bis 2 h	> 2 h
a) absolute Häufigkeit						
b) relative Häufigkeit						

Absolute Häufigkeit

entspricht dem Prozentwert

22 von 80 Pkw

Relative Häufigkeit

entspricht dem Prozentsatz

$$\text{relative Häufigkeit} = \frac{\text{absolute Häufigkeit}}{\text{Gesamtzahl}}$$

$\frac{22}{80} = 0{,}275 = 27{,}5\,\%$

3.1 Erstelle in deiner Klasse eine Statistik über TV-Sender. Befrage deine Mitschüler, welchen TV-Sender (ARD, ZDF, Sat1, RTL, Viva, Sonstige, kein TV) sie gestern um 18 Uhr gesehen haben.
a) Trage die absoluten Häufigkeiten in eine Tabelle ein.
b) Wie viele von 400 Jugendlichen könnten den entsprechenden TV-Sender gesehen haben?
c) In der BRD gibt es 15,2 Mio. Jugendliche im Alter zwischen 14 und 15. Kann man diese Stichprobe dafür nutzen?

4 Die Bedingungen für eine Stichprobe müssen so ausgewählt sein, dass das Ergebnis auf eine Gesamtheit übertragen werden kann. Wie groß könnte eine geeignete Stichprobe sein?
a) Ein Marzipanhersteller erhält 12 000 Säcke Mandeln aus Spanien. Die Qualität soll überprüft werden.
b) Klementinen haben meistens weniger Kerne als Mandarinen. Eine Lieferung von 1000 Beuteln zu je 1 kg Klementinen soll auf Kernlosigkeit überprüft werden.

Wahrscheinlichkeit zusammengesetzter Ereignisse bestimmen

1 Bestimme die Wahrscheinlichkeit P für den Zufallsversuch im Kasten.

	Ereignis	
	gerade Zahl	Zahl > 2
(1)	5	
(2)		
(3)	P(E) = =	

Wahrscheinlichkeit bestimmen

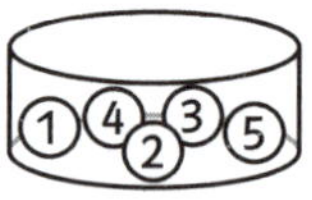

Zufallsgerät: Becher mit fünf Kugeln
Zufallsversuch: Eine Kugel ziehen
Bestimme die Wahrscheinlichkeit P für das Ereignis „ungerade Zahl".

(1) Mögliche Ergebnisse bestimmen, Anzahl aller möglichen Ergebnisse notieren — ① ② ③ ④ ⑤ 5

(2) Günstige Ergebnisse für das Ereignis bestimmen, Anzahl der günstigen Ergebnisse notieren — ① ③ ⑤ 3

(3) Wahrscheinlichkeit P berechnen — $P = \frac{3}{5} = 0{,}6 = 60\,\%$

$P = \frac{\text{Anzahl günstige Ergebnisse}}{\text{Anzahl mögliche Ergebnisse}}$

2 Bei einem Losverkauf gibt es bei 5000 Losen 100 Trostpreise und 5 Hauptgewinne. Ereignis E „Gewinn ziehen" setzt sich aus dem Ereignis E_1 „Trostpreis" und dem Ereignis E_2 „Hauptgewinn" zusammen. Bestimme die Wahrscheinlichkeit P(E).

	E_1 (Trostpreis)	E_2 (Hauptgewinn)	E (Gewinn)
(1)	5000		
(2)			
(3)	$P(E_1)$ =		

3 Ein Glücksrad hat 12 gleich große Felder. Davon sind 3 gelb, 4 rot und 5 blau. Färbe das Glücksrad. Bestimme die Wahrscheinlichkeit für die Ereignisse.

E_1: gelb $P(E_1) = \frac{3}{12} = 0{,}25 = 25\,\%$

E_2: rot $P(E_2)$ = ____________

E_3: blau $P(E_3)$ = ____________

E_4: gelb oder rot $P(E_4)$ = ____________

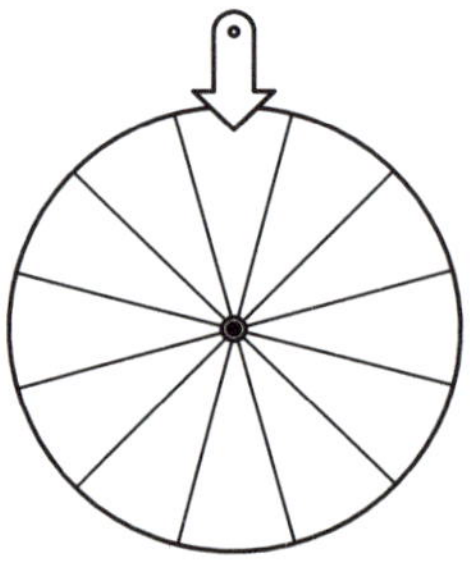

4 Zufallsgerät: Ikosaeder; Zufallsversuch: einmal werfen. Bestimme die Wahrscheinlichkeit P.

P(Zahl < 5) = ____________ P(Zahl < 5 oder > 10) = ____________

P(keine 1 werfen) = ____________ P(Zahl > 11 oder < 0) = ____________

P(Zahl teilbar durch 4 oder Primzahl) = ____________

P(keine gerade Zahl) = ____________

Mögliche Ergebnisse
alle möglichen Ergebnisse eines Zufallsversuchs
1-mal werfen
1; 2; 3; 4; 5; 6

Günstige Ergebnisse
alle Ereignisse, die zu einem Ergebnis gehören
1-mal werfen, „gerade Zahl" 2; 4; 6

Wahrscheinlichkeit P eines Ereignisses bestimmen $P(E) = \frac{\text{Anzahl der günstigen Ergebnisse}}{\text{Anzahl aller möglichen Ergebnisse}}$

Ereignis: „gerade Zahl"
$P(E) = \frac{3}{6} = \frac{1}{2} = 0{,}5 = 50\,\%$

Wahrscheinlichkeit P zusammengesetzter Ereignisse E_1 und E_2 bestimmen

Wenn E_1 und E_2 kein mögliches Ergebnis gemeinsam haben, gilt:
$P(E) = P(E_1 \text{ oder } E_2)$
$= P(E_1) + P(E_2)$

zu 4
Ikosaeder
Körper, der aus 20 gleichseitigen Dreiecken besteht

2.1 Beim Losverkauf sind 200 Lose im Topf, davon sind 25 Trostpreise und 4 Hauptgewinne. Bestimme die Wahrscheinlichkeit für E_1 (Trostpreis); E_2 (Hauptgewinn) und E (Gewinn).

3.1 Ein Glücksrad hat 20 gleich große Felder. Davon sind 3 rot, 7 blau und 10 gelb. Bestimme die Wahrscheinlichkeit P(E).
E_1 (gelb); E_2 (rot); E_3 (blau); E_4 (gelb oder rot); E_5 (gelb oder blau); E_6 (rot oder blau); E_7 (nicht gelb); E_8 (gelb oder rot oder blau)

4.1 Bestimme die Wahrscheinlichkeit P für einen Ikosaeder (siehe Aufgabe 4). P(Zahl > 12 oder < 3); P(nicht teilbar durch 5)

5 In einen Becher sollen gelbe, rote und blaue Kugeln gefüllt werden. Die Verteilung soll so sein, dass die Wahrscheinlichkeit P(gelbe oder rote Kugel) = 0,50 und P(gelbe oder blaue Kugel) = 0,80 beträgt. Wie viele Kugeln jeder Farbe müssen in den Becher gefüllt werden? Erkläre, warum es mehrere Lösungen gibt.

Wahrscheinlichkeit zweistufiger Zufallsversuche bestimmen

1 Bestimme die Wahrscheinlichkeit.
Zufallsgerät: Becher mit 5 Kugeln, 2 weiße, 3 graue
Zufallsversuch: Kugel ziehen, zurücklegen und erneut Kugel ziehen
Bestimme die Wahrscheinlichkeit P für das Ereignis (weiß, grau).

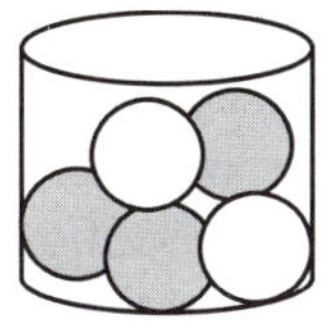

P_1(weiß) = ______________________

P_2(grau) = ______________________

P(weiß, grau) = ______________________

Wahrscheinlichkeit zweistufiger Zufallsversuche bestimmen
Zufallsgerät: eine 2-€-Münze
Zufallsversuch: zweimal nacheinander werfen
Bestimme die Wahrscheinlichkeit P für das Ereignis (Zahl, Zahl).

(1) Wahrscheinlichkeit $P(E_1)$ der 1. Stufe bestimmen — $P(E_1)(\text{Zahl}) = \frac{1}{2} = 0{,}5$
(2) Wahrscheinlichkeit $P(E_2)$ der 2. Stufe bestimmen — $P(E_2)(\text{Zahl}) = \frac{1}{2} = 0{,}5$
(3) Wahrscheinlichkeit P des zweistufigen Zufallsversuchs bestimmen $P(E) = P(E_1) \cdot P(E_2)$ — $P(\text{Zahl, Zahl}) = P(E_1) \cdot P(E_2) = 0{,}5 \cdot 0{,}5 = 0{,}25$

2 Zufallsgerät: Glücksrad mit 6 gleich großen Feldern, 1 gelbes, 2 rote, 3 blaue
Zufallsversuch: zweimal nacheinander drehen

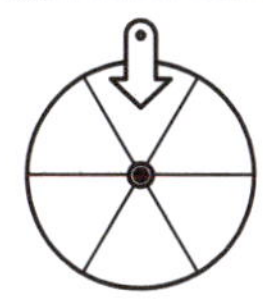

a) Färbe das Glücksrad und die Felder im Baumdiagramm.

b) Schreibe die Wahrscheinlichkeiten an die Äste des Baumdiagramms.

c) Bestimme die Wahrscheinlichkeiten für die verschiedenen Ereignisse.

d) Wie groß ist die Wahrscheinlichkeit P, dass bei zweimaligem Drehen die gleiche Farbe erscheint?

____

e) Wie groß ist die Wahrscheinlichkeit P, dass bei zweimaligem Drehen nicht die gleiche Farbe erscheint?

____

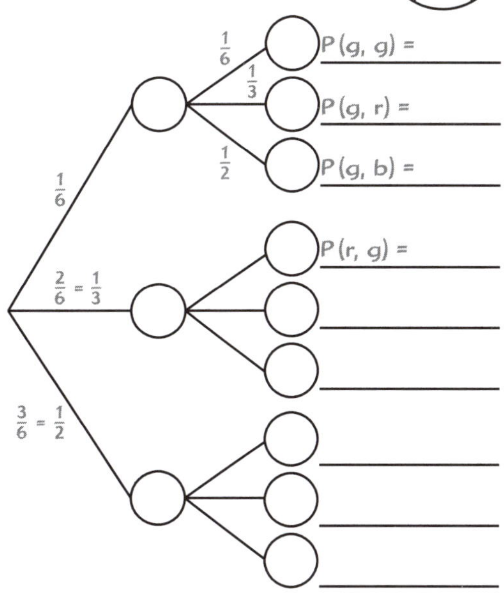

💡 zu 2
Baumdiagramm
zur Darstellung mehrstufiger Zufallsversuche geeignet, Wahrscheinlichkeit kann an den Ästen notiert werden

💡
Wahrscheinlichkeit P
Zweistufigen Zufallsversuch bestimmen
$P(E) = P(E_1) \cdot P(E_2)$

3 Zufallsgerät: normaler Würfel; Zufallsversuch: zweimal nacheinander werfen
Bestimme die Wahrscheinlichkeit P und trage in die Tabelle ein.

Ereignis (E_1, E_2)	$P(E_1)$	$P(E_2)$	$P(E) = P(E_1) \cdot P(E_2)$
(1, 1)			
(gerade Z., ungerade Z.)			
(< 6, > 1)			
(> 4, < 4)			

1.1 Zufallsgerät: Becher mit 8 Kugeln, 3 gelbe, 5 blaue
Zufallsversuch: Kugel ziehen, zurücklegen, Kugel ziehen
Bestimme die Wahrscheinlichkeit P für das
a) Ereignis (gelb, blau), b) Ereignis (zweimal gleiche Farbe).

2.1 Ein Glücksrad mit 10 gleich großen Feldern, 2 rote, 3 gelbe und 5 blaue wird 2-mal gedreht. Zeichne ein Baumdiagramm. Bestimme die Wahrscheinlichkeiten.

4 Zufallsgerät: wie in Aufgabe 1; jetzt aber ein zweistufiger Zufallsversuch ohne Zurücklegen: 1. Kugel ziehen, 2. Kugel ziehen.
a) Zeichne ein Baumdiagramm und notiere die Wahrscheinlichkeit an den Ästen.
b) Bestimme die Wahrscheinlichkeit für die verschiedenen Ereignisse.
c) Vergleiche die Wahrscheinlichkeiten für die Zufallsversuche mit und ohne Zurücklegen. Erkläre.

Wahrscheinlichkeit bei Zufallsversuchen schätzen

1 Führe mit einem 4er-Baustein weitere Zufallsversuche durch.
Trage in die Tabelle ein.

(1)	50	100	200
(2)			
(3)			
(4)			

Erkläre, warum die relativen Häufigkeiten und somit die Schätzungen für die Wahrscheinlichkeit abweichende Werte ergeben.

Wahrscheinlichkeiten schätzen
Bei einigen Zufallsversuchen kann man die Wahrscheinlichkeit nicht berechnen, man muss sie schätzen.
Dazu führt man den Versuch möglichst häufig durch und berechnet dann die relative Häufigkeit.

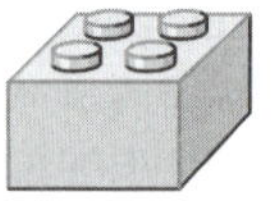

Zufallsgerät: 4er-Baustein Zufallsversuch: Stein werfen
Schätze die Wahrscheinlichkeit P für das Ereignis E „Noppen oben"

	10	20
(1) Anzahl der Zufallsversuche notieren	10	20
(2) absolute Häufigkeit bestimmen	||| = 3	~~||||~~ = 5
(3) relative Häufigkeit berechnen	$\frac{3}{10}$ = 30 %	$\frac{5}{20}$ = 25 %
(4) Wahrscheinlichkeit P schätzen	≈ 30 %	≈ 25 %

2 Zufallsgerät: Reißnagel; Zufallsversuch: werfen
Schätze die Wahrscheinlichkeit P für das Ereignis E_1.
Führe Zufallsversuche durch und trage in die Tabelle ein.

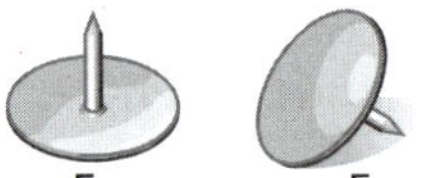

E_1 E_2

(1)	10	20	50	100	200	
(2)	|||| = 4					
(3)	$\frac{4}{10}$ = 40 %					
(4)	≈					

3 Schätze die Wahrscheinlichkeit P für die Ereignisse E_1 bei drei Zufallsgeräten: Spielfigur, Prisma und Zylinder.

a) Führe Zufallsversuche durch und trage in die Tabelle ein.

	 E_1	 E_2	 E_1	 E_2	 E_1	 E_2
(1)	50	100	50	100	50	100
(2)						
(3)						
(4)	P ≈					

b) Bei welchem Zufallsgerät ist die Wahrscheinlichkeit $P(E_1)$ am größten? ______

c) Erkläre, warum $P(E_1) + P(E_2) = 1$ ist. ______

Absolute Häufigkeit
Anzahl der günstigen Ereignisse
3 von 10 Versuchen

Relative Häufigkeit

relative Häufigkeit = $\frac{\text{absolute Häufigkeit}}{\text{Anzahl der Versuche}}$

$\frac{3}{10}$ = 0,30 = 30 %

Wahrscheinlichkeit P schätzen
entspricht der relativen Häufigkeit der zugehörigen Zufallsversuche
P ≈ 30 %

Anzahl der Zufallsversuche kann durch Gruppenarbeit schnell erhöht werden.

1.1 Zufallsgerät: 8er-Baustein; Zufallsversuch: Stein werfen
Schätze die Wahrscheinlichkeit P für das Ereignis E_1 „Noppen oben".

2.1 Zufallsgerät: Streichholzschachtel; Zufallsversuch: Schachtel werfen
Schätze die Wahrscheinlichkeit P für das Ereignis E_1 „Textfläche oben".
Führe Versuche durch und trage in eine Tabelle ein.

4 Entscheide, bei welchen Zufallsgeräten man die Wahrscheinlichkeit P nicht berechnen, sondern nur schätzen kann.
Begründe die Entscheidung.
Schätze die Wahrscheinlichkeit P für die dargestellten Ereignisse.

A 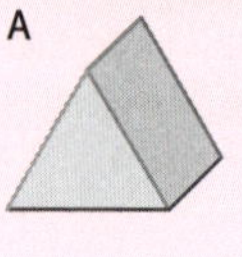 B 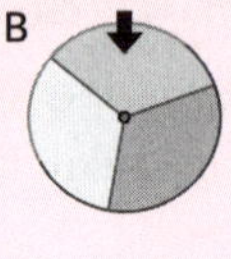 C  D  E 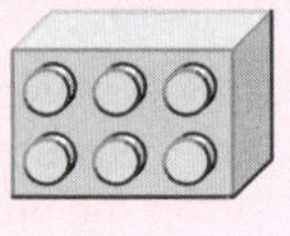

Prozent- und Zinsrechnung

Prozentrechnung

G Grundwert
p% Prozentsatz
W Prozentwert

Grundwert G berechnen

W = 120 €; p% = 40 %
G = W : p%
G = 120 € : 40 %
= 300 €

Prozentsatz p% berechnen

G = 300 €; W = 120 €
p% = W : G
p% = 120 € : 300 €
= 40 %

Prozentwert W berechnen

G = 300 €; p% = 40 %
W = G · p%
W = 300 € · 40 %
= 120 €

Schrittfolgen

(1) Gegebene Werte notieren
(2) Formel notieren, umformen
(3) Werte einsetzen, berechnen

Zinsrechnung

K Kapital, Kredit
p% Zinssatz
Z Jahreszinsen
t Zinszeit in Tagen
Z_t Zinsen für t Tage

Kapital K berechnen

Z = 72 €; p% = 2 %
K = Z : p%
K = 72 € : 2 %
= 3600 €

Zinssatz p% berechnen

K = 3600 €; Z = 72 €
p% = Z : K
p% = 72 € : 3600 €
= 2 %

Jahreszinsen Z berechnen

K = 3600 €; p% = 2 %
Z = K · p%
Z = 3600 € · 2 %
= 72 €

Tageszinsen Z_t berechnen

K = 3600 €; p% = 2 %;
t = 60 Tage
$\mathbf{Z_t = K \cdot p\% \cdot \frac{t}{360}}$
$Z_t = 3600\,€ \cdot 2\,\% \cdot \frac{60}{360}$
= 12 €

Rechnen mit rationalen Zahlen

Vorzeichenregeln beim Auflösen von Klammern
+ (+) → +
+ (−) → −
− (+) → −
− (−) → +

	addieren		subtrahieren	
Aufgabe	−0,5 + (+2,5)	$-\frac{2}{3} + \left(-\frac{1}{3}\right)$	1,8 − (+0,5)	$-\frac{2}{3} - \left(-\frac{1}{3}\right)$
(1) Klammer auflösen	= −0,5 + 2,5	$= -\frac{2}{3} - \frac{1}{3}$	= 1,8 − 0,5	$= -\frac{2}{3} + \frac{1}{3}$
(2) Berechnen	= +2,0	$= -\frac{3}{3} = -1$	= 1,3	$= \frac{1}{3}$

Vorzeichenregeln bei Multiplikation und Division
(+) · (+) → (+)
(+) · (−) → (−)
(−) · (+) → (−)
(−) · (−) → (+)

	multiplizieren		dividieren	
Aufgabe	0,5 · (−0,3)	$\left(-\frac{2}{3}\right) \cdot \left(-\frac{1}{4}\right)$	−(0,8) : (0,2)	$\left(-\frac{4}{5}\right) : \left(-\frac{1}{2}\right)$
(1) Vorzeichen bestimmen	−	+	−	+
(2) Berechnen	= −0,15	$= \frac{2}{12} = \frac{1}{6}$	= −4	$= \frac{8}{5} = 1\frac{3}{5}$

Funktionen

Funktion
Eine Funktion ist eine eindeutige Zuordnung, bei der zu jeder Eingabegröße genau eine Ausgabegröße gehört.

Funktionsvorschrift
Wanderzeit → Wanderlänge
Eingabegröße: Wanderzeit
Ausgabegröße: Wanderlänge

Wertetabelle

Zeit in h	1	2	3	5
Länge in km	4,5	8,0	11,0	15,5

Graph (Darstellung der Funktion)
Punkte im Koordinatensystem können durch eine Linie verbunden werden.

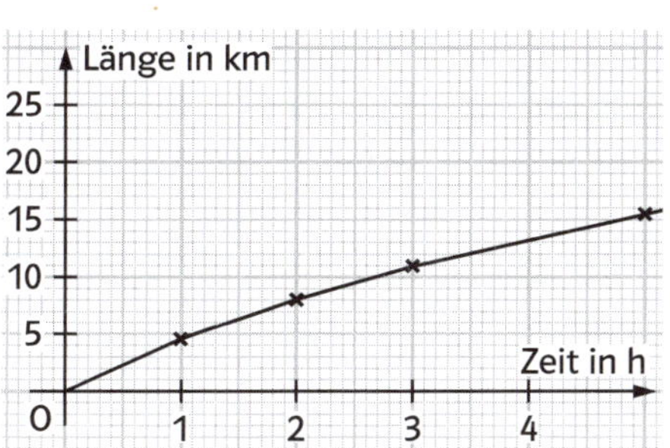

Proportionale Funktion
Eine proportionale Funktion hat die Funktionsgleichung y = m · x.

Funktionsgleichung
y = 3 · x   Steigung m = 3

Wertetabelle

x	0	1	2	3	−1
y	0	3	6	9	−3

Graph (Darstellung der Funktion)
Gerade durch den Ursprung (0 | 0), m bestimmt die Steigung der Geraden.

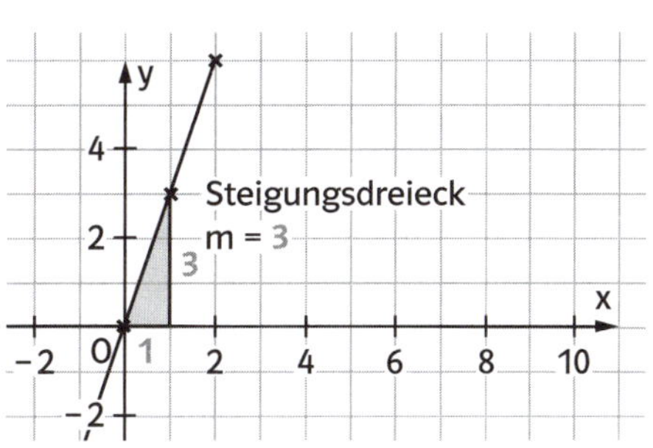

Lineare Funktion
Eine lineare Funktion hat die Funktionsgleichung y = m · x + b.

Funktionsgleichung
y = 2 · x − 3   Steigung m = 2
y-Achsenabschnitt b = −3

Wertetabelle

x	0	1	2	3	−1
y	−3	−1	1	3	−5

Graph (Darstellung der Funktion)
m bestimmt die Steigung der Geraden, b bezeichnet den y-Achsenabschnitt der Geraden.

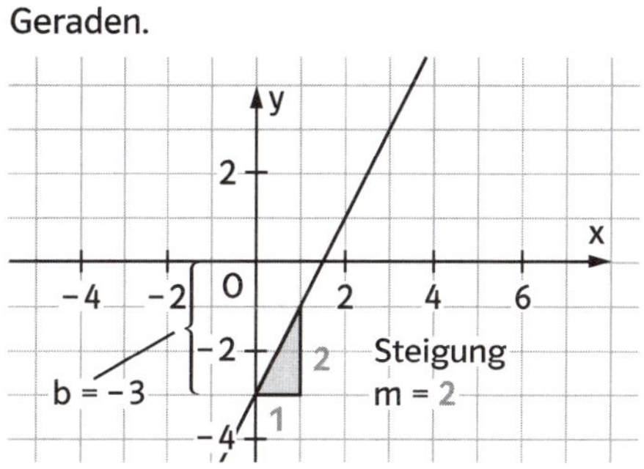

Rechnen mit Termen

Term
$5 + b$; $3x + 4$; $(a - 2)^2$

Gleichung Term 1 = Term 2
$5x - 3 = 2x + 9$

Rechenregeln
Klammern zuerst berechnen
$10 - (5 + 3)$
$= 10 - 8$
$= 2$
Punktrechnung vor Strichrechnung
$10 + 5 \cdot 3$
$= 10 + 15$
$= 25$

Terme vereinfachen
Summen und Differenzen zusammenfassen
$x + x + 2y + 3x + y$
$= 5x + 3y$
Produkte zusammenfassen
$x \cdot x \cdot 2y \cdot 3x \cdot y$
$= 3x^3 \cdot 2y^2$
Summen und Differenzen multiplizieren
$-2 \cdot (3 + 5y)$
$= -6 \cdot 3 + (-2) \cdot 5y$
$= -6 - 10y$
Klammerterme multiplizieren
$(4x + 2) \cdot (5y - 3)$
$= 20xy - 12x + 10y - 6$

Binomische Formeln
1. binomische Formel
$(a + b)^2 = (a + b)(a + b)$
$= a^2 + 2ab + b^2$
$(x + 3)(x + 3) = x^2 + 6x + 9$

2. binomische Formel
$(a - b)^2 = (a - b)(a - b)$
$= a^2 - 2ab + b^2$
$(2y - 5)(2y - 5) = 4y^2 + 20y + 25$

3. binomische Formel
$(a + b)(a - b) = a^2 - b^2$
$(3x + 2y)(3x - 2y) = 9x^2 - 4y^2$

Flächeninhalt A und Umfang u

Parallelogramm
$a \parallel c$
$b \parallel d$

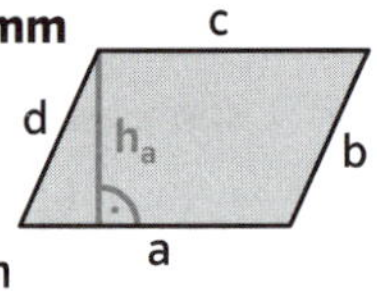

$a = c = 6{,}0\,cm$
$b = d = 3{,}5\,cm$
$h_a = 3{,}0\,cm$

(1) $\mathbf{A = a \cdot h_a}$
(2) $A = 6{,}0\,cm \cdot 3{,}0\,cm$
(3) $= 18{,}0\,cm^2$

(1) $\mathbf{u = 2 \cdot (a + b)}$
(2) $u = 2 \cdot (6{,}0\,cm + 3{,}5\,cm)$
(3) $= 19{,}0\,cm$

Dreieck
$h_c \perp c$

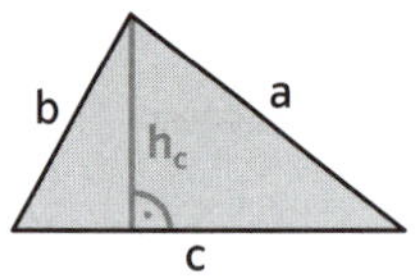

$a = 5{,}2\,cm$
$b = 3{,}5\,cm$
$c = 6{,}0\,cm$
$h_c = 3{,}0\,cm$

$\mathbf{A = \frac{c \cdot h_c}{2}}$
$A = \frac{6{,}0\,cm \cdot 3{,}0\,cm}{2}$
$= 9{,}0\,cm^2$

$\mathbf{u = a + b + c}$
$u = 5{,}2\,cm + 3{,}5\,cm + 6{,}0\,cm$
$= 14{,}7\,cm$

Trapez
$a \parallel c$

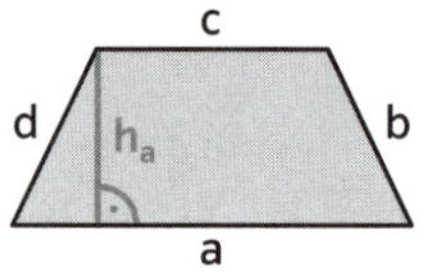

$a = 8\,cm$
$b = 3{,}5\,cm$
$c = 5{,}6\,cm$
$d = 4{,}0\,cm$
$h_a = 3{,}0\,cm$

$\mathbf{A = \frac{a + c}{2} \cdot h_a}$
$A = \frac{8\,cm + 5{,}6\,cm}{2} \cdot 3\,cm$
$= 20{,}4\,cm^2$

$\mathbf{u = a + b + c + d}$
$u = 8\,cm + 3{,}5\,cm + 5{,}6\,cm + 4\,cm$
$= 21{,}1\,cm$

Kreis
Durchmesser d
Radius r
$d = 2 \cdot r$

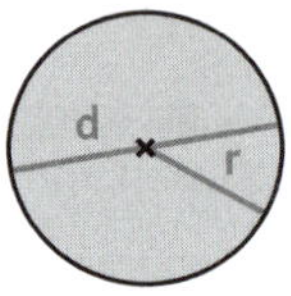

$r = 2{,}5\,cm$

$\mathbf{A = \pi \cdot r^2}$
$A = \pi \cdot (2{,}5\,cm)^2$
$\approx 19{,}6\,cm^2$

$\mathbf{u = 2 \cdot \pi \cdot r = \pi \cdot d}$
$u = 2 \cdot \pi \cdot 2{,}5\,cm$
$\approx 15{,}7\,cm$

Rauminhalt (Volumen) V und Oberflächeninhalt O

Quader
$a \perp b$
$a \perp c$
$b \perp c$

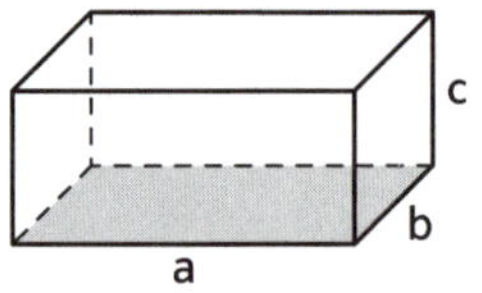

$a = 6{,}0\,cm$; $b = 4{,}0\,cm$; $c = 5{,}0\,cm$

(1) $\mathbf{V = a \cdot b \cdot c}$
(2) $V = 6{,}0\,cm \cdot 4{,}0\,cm \cdot 5{,}0\,cm$
(3) $= 120{,}0\,cm^3$

(1) $\mathbf{O = 2 \cdot (ab + ac + bc)}$
(2) $O = 2 \cdot (24{,}0\,cm^2 + 30{,}0\,cm^2 + 20{,}0\,cm^2)$
(3) $= 148{,}0\,cm^2$

Prisma
Grundfläche G
Höhe h
Mantelfläche M
$\mathbf{M = u_{Dreieck} \cdot h}$

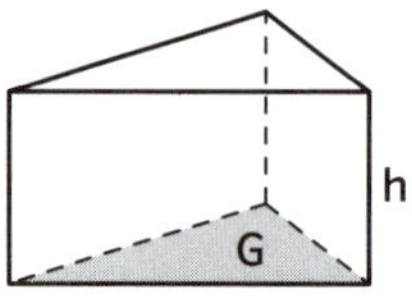

$G = 9{,}0\,cm^2$; $h = 4{,}0\,cm$; $u = 14{,}7\,cm$

$\mathbf{V = G \cdot h}$
$V = 9{,}0\,cm^2 \cdot 4{,}0\,cm$
$= 36{,}0\,cm^3$

$\mathbf{O = 2 \cdot G + M}$
$O = 2 \cdot 9{,}0\,cm^2 + (14{,}7\,cm \cdot 4{,}0\,cm)$
$\approx 76{,}8\,cm^2$

Zylinder
Grundfläche G
Höhe h
Mantelfläche M
$\mathbf{M = \pi \cdot d \cdot h}$

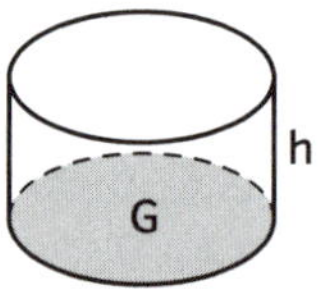

$G = 19{,}6\,cm^2$; $h = 4{,}0\,cm$; $d = 5{,}0\,cm$

$\mathbf{V = G \cdot h}$
$V = 19{,}6\,cm^2 \cdot 4{,}0\,cm$
$= 78{,}4\,cm^3$

$\mathbf{O = G + M}$
$O = 19{,}6\,cm^2 + (\pi \cdot 5{,}0\,cm \cdot 4{,}0\,cm)$
$\approx 82{,}4\,cm^2$

Wahrscheinlichkeit

Wahrscheinlichkeit bestimmen

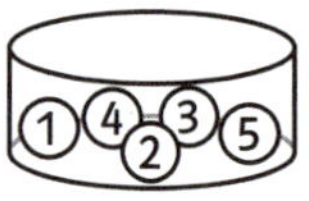

Zufallsgerät: Becher mit fünf Kugeln
Zufallsversuch: Eine Kugel ziehen
Bestimme die Wahrscheinlichkeit P für das Ereignis „ungerade Zahl".

(1) Mögliche Ergebnisse bestimmen, Anzahl aller möglichen Ergebnisse notieren — ① ② ③ ④ ⑤; 5
(2) Günstige Ergebnisse für das Ereignis bestimmen, Anzahl der günstigen Ergebnisse notieren — ① ③ ⑤; 3
(3) Wahrscheinlichkeit P berechnen — $P = \frac{3}{5} = 0{,}6$ $= 60\,\%$

$P = \frac{\text{Anzahl günstige Ergebnisse}}{\text{Anzahl mögliche Ergebnisse}}$

Wahrscheinlichkeit zweistufiger Zufallsversuche bestimmen

Zufallsgerät: eine 1-€-Münze
Zufallsversuch: zweimal nacheinander werfen
Bestimme die Wahrscheinlichkeit P für das Ereignis (Zahl, Zahl).

(1) Wahrscheinlichkeit $P(E_1)$ der 1. Stufe bestimmen — $P(E_1)(\text{Zahl}) = \frac{1}{2} = 0{,}5$
(2) Wahrscheinlichkeit $P(E_2)$ der 2. Stufe bestimmen — $P(E_2)(\text{Zahl}) = \frac{1}{2} = 0{,}5$
(3) Wahrscheinlichkeit P des zweistufigen Zufallsversuchs bestimmen $P(E) = P(E_1) \cdot P(E_2)$ — $P(\text{Zahl, Zahl}) = P(E_1) \cdot P(E_2)$ $= 0{,}5 \cdot 0{,}5$ $= 0{,}25$